Heba Hassan
Mona El-Banna

Ácido nano-alfa-lipóico contra a neurotoxicidade do alumínio

Heba Hassan
Mona El-Banna

Ácido nano-alfa-lipóico contra a neurotoxicidade do alumínio

Efeitos protectores do ácido alfa-lipóico formulado em nanopartículas contra a neurotoxicidade induzida pelo cloreto de alumínio

ScienciaScripts

Imprint

Any brand names and product names mentioned in this book are subject to trademark, brand or patent protection and are trademarks or registered trademarks of their respective holders. The use of brand names, product names, common names, trade names, product descriptions etc. even without a particular marking in this work is in no way to be construed to mean that such names may be regarded as unrestricted in respect of trademark and brand protection legislation and could thus be used by anyone.

Cover image: www.ingimage.com

This book is a translation from the original published under ISBN 978-3-659-49450-5.

Publisher:
Sciencia Scripts
is a trademark of
Dodo Books Indian Ocean Ltd. and OmniScriptum S.R.L publishing group

120 High Road, East Finchley, London, N2 9ED, United Kingdom
Str. Armeneasca 28/1, office 1, Chisinau MD-2012, Republic of Moldova, Europe
Printed at: see last page
ISBN: 978-620-8-01044-7

ÍNDICE DE CONTEÚDOS

LISTA DE ABREVIATURAS

AA: Arachidonic acid
Aβ: Amyloid-b
ACh: Acetylcholine
AchE: Acetyl cholinesterase
AD: Alzheimer's disease
AKT: Protein kinase B
Al: Aluminum
ALA: Alpha-linolenic acid
AlCl₃: Aluminum chloride
APP: Amyloid precursor protein
Bcl-2: B-cell leukaemia/lymphoma-2
BDNF: Brain-derived neurotrophic factor
COX-2: Cyclooxygenase-2
CREB: CAMP response-element binding protein
CS: Chitosan
CsNPs: Chitosan nanoparticles
DA: Dopamine
DAB: 3, 3'-Diaminobenzidine
DHA: Docosahexaenoic acid
DHLA: Dihydrolipoate
DLS: Dynamic light scattering
DTNB: 5, 5 dithiobis 2- nitrobenzonic acid
EE: Encapsulation efficiency
ELISA: Enzyme-linked immunosorbent assay
ERK: Extracellular signal-regulated kinase
GABA: Gamma-aminobutyric acid
GPX: Glutathione peroxidase
GR: Glutathione reductase
GS: Glutathione synthetase
GSH: Glutathione
H & E: Hematoxylin and eosin
HPLC: High performance liquid chromatography
HRP: Horseradish peroxidase
5-HT: Serotonin or 5-hydroxytryptamine
IκBInhibitory nuclear Factor Kappa β
IL-1β: Interleukin-1 beta
iNOSInducible nitric oxide synthase;
LA: Linoleic acid
α-LA: Alpha lipoic acid
α-LA-CsNPs: Alpha lipoic acid -loaded chitosan nanoparticles
α-LA-NPs: Alpha lipoic acid nanoparticles
α-LA- SLNPs: Alpha lipoic acid nanoemulsion

LPO: Lipid peroxidation
MAPK: Mitogen-activated protein kinase
MDA: Malondialdehyde
MCP-1: Monocyte chemotactic protein-1
NADPH:Nicotinamide adenosine dinucleotide phosphate
NF-κβ: Nuclear factor- kappa β
NFTs: Neurofibrillary tangles
NGF: Nerve growth factor
NO: Nitric oxide
NOx: Nitrite/ nitrate
NOS Nitric oxide synthases
NPs: Nanoparticles
NT-3: Neurotrophin 3
O_2•: Superoxide anion
ONOO⁻: Peroxynitrite
OD: Optical density
PBS: phosphate-buffered saline
PD: Parkinson's disease
PI3K: Phosphatidylinositol 3-kinase
PLC γ: Phospholipase C   γ
PON: Paraoxonase
PUFAs Polyunsaturated fatty acids
RNS: Reactive nitrogen species
ROS: Reactive oxygen species
RTKs: Receptor tyrosine kinases
SA: Stearyl alcohol
SLNPs: Solid lipid nanoparticles
SPP: Sodium pyrophosphate
SPSS: Statistical Package for Social Science
TEM: Transmission electron microscopy
TEP: Tetraethoxypropane
TNF-α: Tumor necrosis factor alpha
TBA: Thiobarbituric acid
TBARS: Thiobarbituric acid reactive substances
TMBTetramethylbenzidine :
Trk: Tropomyosin-receptor kinase

RESUMO

O alumínio (Al) é um metal ambiental predominante com uma elevada probabilidade de exposição humana através da água, alimentos, ar, medicamentos e poeiras. A investigação mostra que a exposição ao Al está associada a efeitos neurotóxicos, incluindo perturbações motoras e da fala, tremores, dispraxia e declínio cognitivo. Além disso, a exposição ao Al pode levar a alterações neurocomportamentais, neuroquímicas e neurofisiológicas, como o aumento da inflamação, a apoptose celular e a redução dos níveis do fator neurotrófico derivado do cérebro (BDNF). O cérebro é particularmente suscetível à toxicidade do Al, uma vez que o Al eleva as espécies reactivas de oxigénio (ROS), a peroxidação lipídica (LPO) e diminui os níveis de antioxidantes, sugerindo que os tratamentos com antioxidantes podem ajudar a prevenir os danos oxidativos. O ácido alfa-lipóico (α-LA) é um antioxidante natural que se encontra nos tecidos animais e em alguns vegetais, reconhecido pelas suas capacidades neuroprotectoras, melhoria da memória e potencial para reverter a lesão cerebral oxidativa. No entanto, o α-LA enfrenta desafios, incluindo baixa solubilidade em água, meia-vida biológica curta e suscetibilidade à degradação, o que limita a sua eficácia médica. Os avanços na nanotecnologia oferecem soluções para estes desafios, melhorando a estabilidade, a biodisponibilidade e o potencial terapêutico global do α-LA através de nanoformulações. As nanopartículas (NPs) são particularmente valiosas nos sistemas de administração de medicamentos, uma vez que aumentam a estabilidade, a solubilidade e a eficácia, permitindo a libertação sustentada de compostos activos com uma farmacocinética melhorada. O quitosano (Cs), um polissacárido biodegradável, é amplamente utilizado na libertação controlada de fármacos devido à sua natureza não tóxica e biocompatível. As nanopartículas lipídicas sólidas (SLNPs), estáveis tanto à temperatura ambiente como à temperatura corporal, funcionam como transportadores protectores, impedindo a degradação dos ingredientes activos, o que as torna altamente aplicáveis nas indústrias farmacêutica e cosmética.

INTRODUÇÃO

O alumínio (Al) é um dos metais mais prevalentes no ambiente, tornando a exposição humana altamente provável através da água, alimentos, poeiras, medicamentos e ar (Kumar & Gill, 2009). Numerosos estudos revelam que o Al exerce efeitos neurotóxicos significativos, causando problemas como perturbações da fala, paralisia parcial, tremores, dispraxia e declínio progressivo da memória e da capacidade cognitiva (Maya et al., 2016; Sharma et al., 2016). Descobertas recentes sugerem ainda que a exposição ao Al conduz a alterações neurocomportamentais, neuroquímicas, neuropatológicas e neurofísicas (Sharma et al., 2016; Zhao et al., 2020). Além disso, foi demonstrado que o Al aumenta as respostas pró-inflamatórias e as vias apoptóticas, ao mesmo tempo que diminui o fator neurotrófico derivado do cérebro (BDNF) (Tan et al., 2019). O cérebro é especialmente suscetível à toxicidade do Al, com a exposição ao Al levando ao aumento da produção de espécies reativas de oxigênio (ROS), peroxidação lipídica elevada (LPO) e níveis antioxidantes reduzidos (Taïret al., 2016). Por conseguinte, as estratégias antioxidantes podem ajudar a compensar os danos oxidativos e potencialmente prevenir o aparecimento ou a progressão de patologias relacionadas com metais (Al-Otaibi et al., 2018).O ácido alfa-lipóico (α-LA), um antioxidante dissulfureto natural, encontra-se em tecidos animais e vegetais como brócolos, espinafres e tomates. Quimicamente conhecido como ácido tióctico ou ácido 1,2-ditiolano-3-pentanóico ($C_8H_{14}O_2S_2$), o α-LA é sintetizado nas mitocôndrias a partir do ácido octanóico e da cisteína (Mohamed & Meligy, 2018). Tanto o α-LA como a sua forma reduzida, o ácido dihidrolipóico (DHLA), são altamente neuroprotetores, prevenindo a neurodegeneração, melhorando a memória e a função cognitiva, e revertendo lesões cerebrais através da redução do stress oxidativo e da manutenção do equilíbrio redox celular (Song et al., 2017). O α-LA também demonstra efeitos anti-inflamatórios e anti-apoptóticos (Baluchnejadmojarad et al., 2012). No entanto, o α-LA enfrenta limitações como baixa solubilidade em água, meia-vida curta de cerca de 30 minutos após a administração oral e baixa biodisponibilidade, o que dificulta sua eficácia médica. Também se degrada facilmente à luz e ao calor, libertando um odor desagradável a enxofre após a decomposição (Rageh & El-Gebaly, 2019). Os investigadores abordaram estas limitações desenvolvendo nanoformulações de α-LA para melhorar a sua estabilidade e eficácia (Velasco-Rodríguez et al., 2012; Gogoi et al., 2020). A nanotecnologia centra-se na criação de materiais à escala nanométrica (10-1000 nm) para obter propriedades únicas, aumentando a resistência, a reatividade e a eficiência dos materiais. Estes nanomateriais são amplamente utilizados na medicina e na farmácia como sistemas de entrega para ajudar no diagnóstico e tratamento de doenças (Wang et al., 2020; Hussein et al., 2021).

As nanopartículas (NPs) melhoram a libertação de medicamentos hidrofóbicos e hidrofílicos, vacinas, proteínas e macromoléculas biológicas. As NPs também melhoram a estabilidade, a solubilidade, a biodisponibilidade e prolongam o tempo de vida do produto in vivo, permitindo a libertação sustentada e controlada de ingredientes activos através de propriedades biofarmacêuticas e farmacocinéticas melhoradas. Os lípidos, as proteínas e os polímeros naturais ou sintéticos podem ser utilizados para sintetizar NPs (Saliq et al., 2020).

O quitosano (Cs), um polissacárido natural, é constituído por unidades de D-glucosamina e N-acetil-D-glucosamina com ligações β-(1-4). O Cs é amplamente utilizado nas indústrias alimentar e farmacêutica devido às suas propriedades não tóxicas e biodegradáveis. Também tem sido utilizado em sistemas de libertação controlada de fármacos baseados em interações iónicas com fármacos aniónicos (Velasco-Rodríguez et al., 2012).

As nanopartículas lipídicas sólidas (SLNPs), uma importante NP de base lipídica, são transportadores inovadores utilizados em cosméticos e produtos farmacêuticos. Constituídas por uma matriz lipídica estável à temperatura ambiente e corporal, as SLNP protegem os ingredientes activos delicados da degradação química (Garud et al., 2012).

1. ESTRUTURA DO CÉREBRO

O cérebro, um órgão semissólido que pesa entre 1200 e 1400 gramas, representa cerca de 1-2% da massa corporal total de um indivíduo (Lin & Rothman, 2014). Conhecido por sua complexidade, o cérebro orquestra uma vasta gama de funções corporais, incluindo processamento sensorial, integração de informações e coordenação, e é central para a personalidade, cognição e regulação emocional (Castelli et al., 2019). O cérebro é também um dos órgãos mais exigentes do ponto de vista metabólico, utilizando mais de 20% da ingestão total de oxigénio e consumindo cerca de 70% das reservas de glicose do corpo para sustentar as suas actividades (Veskovic et al., 2015). Estas elevadas exigências metabólicas são fundamentais para a sua funcionalidade em áreas como a cognição, a sensação e a memória (Mergenthaler et al., 2013).

Anatomicamente, o cérebro está dividido em três partes principais:

- **Cérebro:** O cérebro é a maior parte do cérebro, constituindo cerca de 85% da sua massa. Está envolvido em funções cognitivas superiores, incluindo o processamento de informação sensorial, movimentos voluntários, aprendizagem, raciocínio, emoção, memória e linguagem falada (Sanders et al., 2009). Estruturalmente, o cérebro está organizado em dois hemisférios ligados pelo corpo caloso, que facilita a comunicação inter-hemisférica (He & Evans, 2010). Cada hemisfério contém quatro lobos - frontal, parietal, temporal e occipital - cada um responsável por funções especializadas, como o controlo motor no lobo frontal, a orientação espacial no lobo parietal, o processamento auditivo no lobo temporal e a interpretação visual no lobo occipital (Stuss & Alexander, 2000). A superfície do cérebro, conhecida como córtex cerebral, é ricamente povoada de neurónios e desempenha um papel fundamental no pensamento consciente, no planeamento e na perceção (Bota et al., 2015).
- **Cerebelo:** Posicionado abaixo do cérebro, na parte posterior do crânio, o cerebelo representa cerca de 10% do volume do cérebro. Apesar do seu tamanho mais pequeno, contém mais de metade dos neurónios do cérebro e é crucial para a coordenação motora fina, o equilíbrio e a manutenção da estabilidade postural

(Roostaei et al., 2014; Buckner, 2013). O cerebelo recebe informações dos sistemas sensoriais e da medula espinal, integrando essas informações para afinar a atividade motora voluntária e apoiar a aprendizagem de competências motoras (Doya, 2000). Estudos recentes também associam o cerebelo a funções cognitivas, como a atenção e o processamento da linguagem (Stoodley & Schmahmann, 2009).

• **Tronco cerebral:** O tronco cerebral, a mais pequena mas uma das regiões cerebrais mais vitais, liga o cérebro à medula espinal e regula funções autonómicas essenciais como o ritmo cardíaco, a pressão arterial e a respiração (Faraguna et al., 2019). Compreende o mesencéfalo, a ponte e a medula oblonga, cada um contribuindo para as principais funções e vias de sobrevivência que transmitem informações sensoriais e motoras entre o cérebro e o corpo (Parent, 1996). Por exemplo, a medula abriga os centros cardíaco e respiratório que controlam os reflexos relacionados com a função cardíaca e pulmonar, enquanto o mesencéfalo está envolvido nos reflexos visuais e auditivos (Clarke et al., 2007). Além disso, o tronco cerebral inclui núcleos responsáveis por acções involuntárias, como a deglutição e a excitação, e desempenha um papel no ciclo sono-vigília através da formação reticular, que modula a consciência (Steriade, 1996).

A composição celular do cérebro inclui dois tipos principais de células: **neurónios** e **células gliais**. **Os neurónios**, responsáveis pela transmissão e processamento de informação, interagem com outras células para orquestrar as funções do corpo. **As células gliais**, por sua vez, dão um apoio essencial aos neurónios, mantendo a homeostase, fornecendo nutrientes, formando mielina e protegendo contra agentes patogénicos. Em conjunto, estas células permitem o funcionamento complexo e a resiliência do cérebro (Sanders et al., 2009). Estima-se que um cérebro humano típico contenha aproximadamente 86 mil milhões de neurónios e um número quase igual de células gliais, com um rácio que suporta processos sinápticos e celulares eficazes (Hane et al., 2017).

I. **Neurónios**

Os neurónios são as células funcionais primárias do cérebro e comunicam através de sinais eléctricos e químicos. Cada neurónio tem três estruturas principais:

• Corpo da célula (Soma): O soma contém o núcleo, que aloja o material genético e controla as actividades celulares essenciais, incluindo a síntese de proteínas e a regulação metabólica. O corpo celular é também responsável pela manutenção geral e pela saúde do neurónio.

• Dendritos: Estas projecções semelhantes a árvores recebem sinais químicos de outros neurónios em junções especializadas chamadas sinapses. Os dendritos aumentam significativamente a área de superfície recetiva do neurónio, permitindo que cada neurónio se ligue a milhares de outros, formando assim redes complexas que processam a informação. Os sinais recebidos pelos dendritos são integrados no corpo celular antes de serem transmitidos ao longo do axónio.

• Axónio: O axónio é uma projeção longa e delgada que conduz os impulsos eléctricos do corpo celular para outros neurónios, músculos ou glândulas. Os axónios podem ter até um metro de comprimento nos seres humanos e são frequentemente isolados por uma camada de gordura chamada mielina, produzida por oligodendrócitos (um tipo de célula glial) no sistema nervoso central, o que aumenta a velocidade e a eficiência da transmissão de sinais (figura 1) (Siddiqi et al., 2012).

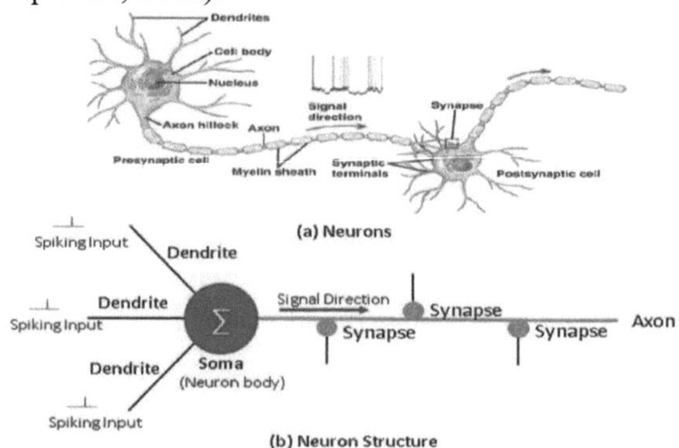

Fig (1): Estrutura do neurónio (An et al., 2017).

Ao longo do desenvolvimento e manutenção neural, os neurónios são influenciados pelas **neurotrofinas**, uma família de factores de crescimento que inclui polipeptídeos essenciais para a sobrevivência, diferenciação e reparação dos neurónios. As neurotrofinas são sintetizadas e libertadas por neurónios e células gliais para apoiar uma série de funções neuronais, incluindo o desenvolvimento, a manutenção e a plasticidade (Murray & Holmes, 2011; Bhardwaj & Deshmukh, 2018). Cada neurotrofina liga-se a receptores transmembranares específicos da família **dos receptores de tropomiosina quinase (Trk)**, que fazem parte dos receptores tirosina-quinases (RTK). Estes receptores desencadeiam cascatas de sinalização intracelular essenciais para o crescimento e a reparação dos neurónios (Patapoutian & Reichardt, 2001).

Os principais membros da família das neurotrofinas incluem:

• **Fator de crescimento dos nervos (NGF):** O NGF foi a primeira neurotrofina descoberta e continua a ser a mais estudada. O NGF funciona através do seu recetor de alta afinidade, o **TrkA**, para promover a sobrevivência dos neurónios, em particular dos neurónios colinérgicos, que são fundamentais para a aprendizagem e a memória. O NGF também estimula a diferenciação, o crescimento e a regeneração dos neurónios, bem como a libertação de neurotransmissores. Além disso, a ativação dos receptores TrkA pelo NGF ajuda a prevenir a apoptose (morte celular programada), mantendo assim a estabilidade e a longevidade das redes neuronais (Lu et al., 2018; Razavi et al., 2015).

• **Fator neurotrófico derivado do cérebro (BDNF):** O BDNF, outra neurotrofina fundamental, liga-se ao recetor TrkB e ativa múltiplas vias de sinalização que têm efeitos neuroprotectores e pró-sobrevivência nos neurónios. As principais vias envolvidas incluem a fosfolipase C-γ (PLC-γ), a fosfatidilinositol 3-quinase (PI3K)-AKT (também conhecida como proteína quinase B, PKB), e a proteína quinase activada por mitogénio (MAPK)-cinase regulada por sinal extracelular (ERK). Cada via apoia a saúde e a resistência celular. Por exemplo, a ativação da proteína de ligação ao elemento de resposta ao AMPc (CREB) através destas vias promove a transcrição de genes críticos para a plasticidade dos neurónios, a aprendizagem e a memória. Esta cascata de sinalização ajuda a manter a estabilidade cognitiva e emocional, aumentando a resiliência e a plasticidade dos neurónios, especialmente em resposta ao stress ou a lesões (figura 2) (Giacobbo et al., 2019; Autry & Monteggia, 2012).

II. Células gliais

As células gliais, embora não estejam diretamente envolvidas na sinalização eléctrica, desempenham papéis essenciais de apoio e regulação no sistema nervoso. Os principais tipos de células gliais incluem:

• **Astrócitos:** Estas células em forma de estrela fornecem suporte estrutural, regulam o fluxo sanguíneo e mantêm a barreira hemato-encefálica. Os astrócitos também equilibram o ambiente químico à volta dos neurónios, eliminando os neurotransmissores dos espaços sinápticos e fornecendo substratos energéticos.
• **Micróglia:** As células imunitárias primárias do cérebro, a micróglia, respondem a lesões ou infecções limpando os neurónios danificados e outros detritos através da fagocitose. Libertam moléculas de sinalização, como as citocinas, para modular a inflamação e proteger o tecido cerebral (Liddelow & Barres, 2017).
• **Oligodendrócitos:** Estas células produzem mielina no sistema nervoso central, que isola os axónios e acelera a transmissão de sinais. As bainhas de mielina criadas pelos oligodendrócitos permitem uma comunicação neuronal mais rápida e eficiente (Fields, 2008).

Em conjunto, os neurónios e as células gliais criam um sistema altamente interdependente que permite ao cérebro desempenhar as suas funções complexas, desde o controlo das acções motoras e a manutenção da homeostasia até ao apoio a funções cognitivas como a memória, a aprendizagem e a regulação emocional.

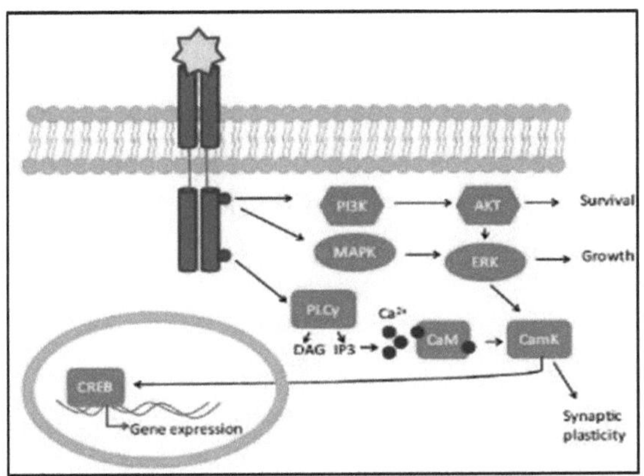

Fig (2): Visão geral do sinal do BDNF através dos receptores TrkB. Após a ligação ao BDNF, o recetor tirosina quinase TrkB é fosforilado.

A fosforilação em vários locais leva à ativação de vias a jusante. A via PI3K ativa a proteína quinase B (AKT), conduzindo à sobrevivência celular. A via MAPK/ERK conduz ao crescimento e à diferenciação celular. A via PLCγ ativa o recetor de inositol trisfosfato (IP3) para libertar as reservas intracelulares de cálcio, o que leva a uma maior atividade da calmodulina quinase (CamK), conduzindo à plasticidade sináptica. As três vias convergem para o fator de transcrição CREB, que pode aumentar a expressão genética. DAG: diacilglicerol (Autry e Monteggia, 2012). Proteína de ligação ao elemento de resposta ao AMPc (CREB): O CREB é um fator de transcrição fundamental na regulação de genes que apoiam a sobrevivência, o crescimento e a diferenciação dos neurónios. O CREB ativa a expressão de genes ligados a processos como a neurogénese e a plasticidade sináptica, ambos essenciais para a aprendizagem e a formação da memória. Reduções na expressão de CREB têm sido associadas ao desenvolvimento e progressão de doenças neurodegenerativas, enfatizando sua importância na manutenção da saúde e resiliência neuronal (Bathina & Das, 2015; Said & Abd Rabo, 2017).

- **Neurotrofina-3 (NT-3):** Como terceira neurotrofina principal, a NT-3 desempenha um papel fundamental na sobrevivência e diferenciação neuronal, especialmente durante as fases de desenvolvimento. A NT-3 liga-se preferencialmente com elevada afinidade aos receptores TrkC, embora também possa interagir com os receptores TrkA e TrkB com níveis de afinidade mais baixos. Através do TrkC, o NT-3 contribui para o crescimento neuronal, a formação de circuitos e a reparação, estabelecendo ligações vitais para o desenvolvimento e a função do cérebro (Xiao & Le, 2016; Razavi et al., 2015).

Função dos neurónios e neurotransmissão

Os neurónios comunicam através da libertação de neurotransmissores - mensageiros químicos que se deslocam dos terminais axonais de um neurónio através da sinapse para se ligarem a receptores nos dendritos ou corpos celulares dos neurónios vizinhos. Esta sinalização química permite que os neurónios transmitam, amplifiquem e afinem as mensagens eléctricas através das redes neuronais, o que é essencial para o funcionamento geral do cérebro e para as respostas corporais (Kandimalla & Reddy, 2017). Os neurotransmissores são essenciais tanto para a comunicação dentro do cérebro como para o envio de mensagens do cérebro para o corpo, com impacto em tudo, desde o movimento aos estados emocionais (Paulose et al., 2007).

Principais neurotransmissores e suas funções

• **Acetilcolina (ACh):** A ACh é essencial para as funções cognitivas, nomeadamente a aprendizagem e a memória. É sintetizada a partir de colina e acetil-CoA pela enzima colina acetiltransferase (Farhat et al., 2017). Durante a neurotransmissão, a ACh liga-se a receptores nos neurónios pós-sinápticos, permitindo a transmissão de sinais através da sinapse. **A acetilcolinesterase (AChE)** decompõe então a ACh em colina e ácido acético, reiniciando a via de sinalização e devolvendo o neurónio ao seu estado de repouso (figura 3) (Maya et al., 2016).

• **Dopamina (DA):** A DA, um neurotransmissor excitatório abundante, é fundamental para a função motora, a motivação e o sistema de recompensa do cérebro. Embora a DA não consiga atravessar a barreira hemato-encefálica, desempenha um papel em numerosos processos cerebrais, incluindo o movimento voluntário, a memória, a função cognitiva e o comportamento. Os desequilíbrios nos níveis de dopamina estão implicados na doença de Parkinson, que afecta o controlo motor, e na esquizofrenia, associada a uma sinalização alterada da dopamina (Neuhaus et al., 2013; Kandimalla & Reddy, 2017; Snowden et al., 2019).

• Serotonina (5-HT): Também conhecida como 5-hidroxitriptamina, a serotonina é um neurotransmissor excitatório envolvido na regulação do humor, dos ciclos de sono-vigília, do apetite e da perceção da dor. Também desempenha um papel nas funções motoras, no comportamento, na função cardiovascular e na coagulação sanguínea. No cérebro, a serotonina tem impacto nos processos cognitivos, incluindo a aprendizagem e a memória (Kandimalla & Reddy, 2017). As alterações dos níveis de serotonina estão associadas a perturbações do humor, como a depressão e a ansiedade (Paulose et al., 2007).

• Ácido Gama-Aminobutírico (GABA): O GABA é o principal neurotransmissor inibitório no sistema nervoso dos mamíferos, ajudando a contrabalançar os sinais excitatórios e a evitar a sobre-estimulação. Não consegue atravessar a barreira hemato-encefálica, mas funciona inibindo os potenciais de ação iniciados por neurotransmissores excitatórios como o glutamato. O papel do GABA é fundamental para manter o equilíbrio no sistema nervoso, e os défices nos níveis de GABA estão associados a perturbações de ansiedade e convulsões (Janik et al., 2016; Snowden et al., 2019).

Cada um destes neurotransmissores desempenha um papel único na comunicação neural, apoiando as funções vitais do cérebro e do corpo. Perturbações na sua sinalização ou desequilíbrios podem levar a várias perturbações neurológicas ou psiquiátricas, realçando a importância da homeostase dos neurotransmissores para a saúde geral.

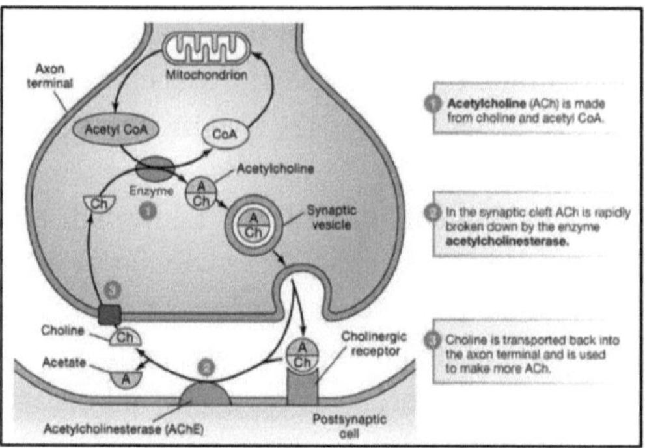

Fig (3): A reação da acetilcolina na sinapse (Fajemisin et al., 2019).

2. NEUROTOXICIDADE

A **neurotoxicidade** refere-se a alterações neurofisiológicas prejudiciais desencadeadas pela exposição a substâncias tóxicas, que conduzem ao declínio cognitivo, a perturbações da memória, a alterações do humor e, por vezes, ao aparecimento de perturbações psiquiátricas. A neurotoxicidade é um fator importante no desenvolvimento de doenças neurodegenerativas, condições que ameaçam cada vez mais a saúde pública à medida que a população envelhece (Mason et al., 2014).

Doenças neurodegenerativas

As doenças neurodegenerativas são condições crónicas e progressivas caracterizadas pela perda gradual de tipos específicos de neurónios, resultando em declínios na função cognitiva e motora. A doença de Alzheimer (DA) e a doença de Parkinson (DP) são as doenças neurodegenerativas mais comuns, representando riscos significativos para a saúde, particularmente entre os adultos mais velhos (Sajjad et al., 2019; Tan et al., 2019). A caraterística distintiva destas doenças é a acumulação anormal e a agregação de proteínas específicas no interior dos neurónios ou nos espaços extracelulares, o que perturba o funcionamento normal do cérebro e torna os neurónios vulneráveis a danos (Ravi et al., 2018).

I. Doença de Alzheimer

A doença de Alzheimer (DA) é a doença neurodegenerativa mais prevalente que afecta os adultos mais velhos, marcada por um declínio cognitivo progressivo e por um grave comprometimento da memória (Borai et al., 2017). A patogénese da DA envolve dois processos patológicos primários:

Formação de placas amiloide-β (Aβ): As placas Aβ formam-se fora dos neurónios devido à clivagem anormal da proteína precursora amiloide (APP) pelas β- e γ-secretases, o que leva à acumulação de péptidos Aβ tóxicos. Estas placas extracelulares são tóxicas para os neurónios e contribuem para a neuroinflamação, o stress oxidativo e a disfunção sináptica (Falode et al., 2017).

Emaranhados Neurofibrilares (NFTs): No interior dos neurónios, a proteína tau sofre hiperfosforilação, o que faz com que se agregue em emaranhados neurofibrilares (NFTs). Estes emaranhados perturbam o sistema de transporte interno da célula, provocando danos neuronais e, por fim, a morte celular. Os emaranhados de Tau contribuem significativamente para os sintomas cognitivos e a degeneração do sistema colinérgico observados na DA (Falode et al., 2017). Estes processos patológicos conduzem à neurodegeneração, promovendo a perda neuronal, o stress oxidativo, a falha sináptica e a inflamação.

Formas da doença de Alzheimer

A DA existe em duas formas principais:

• **Doença de Alzheimer Familiar de Início Precoce (DAF):** Esta forma rara de DA ocorre em indivíduos com menos de 65 anos e está associada a mutações genéticas nos genes **da presenilina 1, presenilina 2 e APP**. Estas mutações alteram o processamento da APP, levando a um aumento da produção do péptido Aβ tóxico e ao desenvolvimento precoce de placas amilóides (Corrêa-Velloso et al., 2018).

• **Doença de Alzheimer esporádica de início tardio (SAD):** A forma mais comum, a SAD ocorre tipicamente após os 65 anos e é influenciada por uma combinação de factores genéticos, ambientais e de estilo de vida. Um dos principais factores de risco genético é uma variação no gene **da apolipoproteína E (APOE)**, particularmente o alelo APOE ε4, que está associado a uma maior acumulação de Aβ no cérebro. Esta variante da APOE tem impacto no metabolismo lipídico e está associada a uma maior suscetibilidade à DA, bem como a outros factores de risco, incluindo problemas cardiovasculares e diabetes (Corrêa-Velloso et al., 2018).

II. Doença de Parkinson (DP)

A segunda doença neurodegenerativa mais comum depois da doença de Alzheimer, a doença de Parkinson (DP) é uma doença progressiva do movimento que se deve principalmente à perda de neurónios produtores de dopamina no mesencéfalo, especificamente numa região conhecida como substantia nigra. Esta depleção de dopamina (DA) perturba o controlo motor, conduzindo a sintomas caraterísticos como a bradicinésia (movimentos lentos),

tremor de repouso, rigidez (rigidez muscular) e instabilidade postural (tendência
para cair). Além disso, a DP está associada a sintomas não motores, incluindo
perturbações do sono, depressão, perturbações do humor, diminuição do olfato,
défices de memória e declínio cognitivo (Magalingam et al., 2015; Tan et al.,
2019; Blesa et al., 2015).

A caraterística neuropatológica da DP é a presença de corpos de Lewy,
agregados proteicos anormais que se encontram no interior dos neurónios. Estes
corpos de Lewy são compostos principalmente por α-sinucleína, uma proteína
pré-sináptica que se dobra incorretamente e se agrega na DP. A acumulação de
α-sinucleína é tóxica para os neurónios e perturba os processos celulares,
contribuindo para a neurodegeneração e a perda progressiva de dopamina
(Cenini et al., 2019). **Factores genéticos na DP**

Vários genes têm sido associados à DP, especialmente nas formas familiares (de
início precoce):

- **PTEN-Induced Putative Kinase 1 (PINK1) e Parkin (PARK2):** Estes genes
desempenham papéis cruciais na função mitocondrial e no controlo de
qualidade, ajudando a proteger as células dos danos causados por mitocôndrias
disfuncionais. As mutações nestes genes podem perturbar a produção de energia
celular e aumentar a suscetibilidade ao stress oxidativo.

- **DJ-1 (PARK7):** O DJ-1 está envolvido nas defesas antioxidativas e as
mutações neste gene podem levar a stress oxidativo, ao prejudicar a capacidade
da célula para neutralizar as espécies reactivas de oxigénio (ROS).

- **Quinase 2 de Repetição Rica em Leucina (LRRK2):** Este gene regula vários
processos celulares, incluindo o tráfico de vesículas e a resposta ao stress
oxidativo. As mutações no LRRK2 são uma das causas genéticas mais comuns
da DP familiar.

- **SNCA (α-sinucleína):** As mutações neste gene, que codifica a α-sinucleína,
estão diretamente ligadas à DP familiar de início precoce. A agregação de α-
sinucleína é uma caraterística patológica importante em casos de DP familiar e
esporádica, implicando-a como um fator central na patogénese da DP (Weng et
al., 2018). **Etiologia multifatorial da DP**

Cerca de 90% dos casos de DP são esporádicos, o que significa que não são
herdados diretamente e não são causados apenas por mutações genéticas. Isto
sugere uma etiologia multifatorial, em que a DP resulta de uma interação entre

predisposições genéticas, factores ambientais e influências do estilo de vida. Pensa-se que as exposições ambientais, como as toxinas, os pesticidas e os metais pesados, bem como factores como o stress oxidativo, a disfunção mitocondrial e a inflamação, contribuem para o aparecimento e a progressão da doença (figura 4) (Chin-Chan et al., 2015).

Etiologia das doenças neurodegenerativas

A etiologia destas doenças pode estar relacionada com fatores genéticos, disfunção mitocondrial, acumulação de metais e stress oxidativo (Figura 4) **(Hajialyani et al., 2019)**.

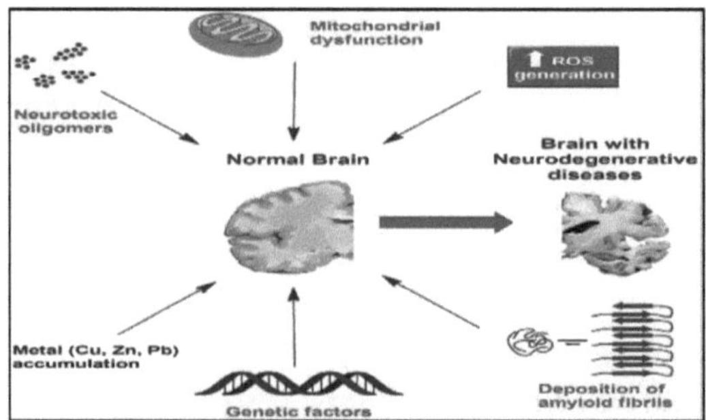

Fig (4): A natureza multifatorial e complexa das doenças neurodegenerativas (Ibrahim e Gabr, 2019).

I. O desenvolvimento de doenças neurodegenerativas está ligado a uma combinação de fatores genéticos, disfunção mitocondrial, acumulação de metais pesados e stress oxidativo, que contribuem para os danos neuronais progressivos observados nestas condições (Hajialyani et al., 2019).

Disfunção mitocondrial

As mitocôndrias são organelas dinâmicas cruciais para a homeostase celular, pois regulam o metabolismo energético, a morte celular programada (apoptose), a geração de ROS e a sobrevivência celular. Estes organelos desempenham também um papel vital na saúde do cérebro, modulando a plasticidade sináptica através da produção e degradação de neurotransmissores, com impacto direto nas funções cognitivas e motoras (Moro, 2019; Todorova & Blokland, 2017).

Quando a função mitocondrial está comprometida, contribui de várias formas
para a patologia das doenças neurodegenerativas:
• **Aumento da produção de ROS:** As mitocôndrias disfuncionais geram ROS
em excesso, levando ao stress oxidativo que danifica os componentes celulares
como o ADN, as proteínas e os lípidos.
• **Deficiência energética:** A disfunção mitocondrial limita a produção de ATP,
que é fundamental para a sobrevivência dos neurónios e para a função sináptica.
• **Deficiência da transmissão sináptica:** As perturbações da função
mitocondrial afectam a libertação e a reciclagem de neurotransmissores,
conduzindo à disfunção sináptica.
• **Apoptose reforçada:** O excesso de ROS e a sinalização mitocondrial podem
ativar as vias de morte celular, acelerando a perda de neurónios (Zhao et al.,
2019).

Acumulação de metais pesados

Os metais pesados são neurotoxinas conhecidas que interferem com o
desenvolvimento e a função do cérebro, com ligações significativas a doenças
neurodegenerativas (Aboelwafa et al., 2020). O Al , em particular, é um metal
abundante libertado tanto através de processos naturais como de actividades
humanas, como embalagens de alimentos, utensílios de cozinha, produção
automóvel e produtos farmacêuticos, como adjuvantes de vacinas (Karri et al.,
2016). Esta utilização generalizada conduz à exposição ao Al através dos
alimentos, do solo, da água e do ar, tornando-o um fator ambiental proeminente
associado à neurotoxicidade e à neurodegeneração (Sánchez-Muniz et al., 2019).
Mecanismos de neurotoxicidade induzida pelo alumínio

1. **Deposição no cérebro:** O Al pode acumular-se em regiões cerebrais
vulneráveis, incluindo o hipocampo e o córtex, onde induz alterações
neurocomportamentais e neuropatológicas. Esta acumulação está associada a
défices cognitivos, dificuldades de aprendizagem e alterações de comportamento
(Kumar & Gill, 2009; Anand et al., 2017).

2. **Stress oxidativo e depleção de antioxidantes:** A exposição ao Al aumenta a produção de ROS e simultaneamente diminui a atividade das enzimas antioxidantes, exacerbando o stress oxidativo e os danos celulares.

3. **Alteração das vias apoptóticas:** O Al perturba os mecanismos normais de sobrevivência celular, aumentando a apoptose e contribuindo para a perda neuronal.

4. **Deficiência na síntese de neurotransmissores:** O Al interfere com a produção de neurotransmissores, afectando particularmente as vias colinérgicas críticas para a memória e a aprendizagem. Como colinotoxina, o Al aumenta a atividade da AChE, reduzindo os níveis de acetilcolina e contribuindo para a disfunção cognitiva (Balgoon et al., 2015).

5. **Acumulação de amiloide-β (Aβ) e neuroinflamação:** Foi demonstrado que a exposição ao Al aumenta os níveis extracelulares de Aβ e promove a agregação através da regulação positiva da proteína precursora amiloide (APP) no cérebro. Este mecanismo é ainda mais exacerbado pela diminuição dos níveis de BDNF , uma proteína essencial para a saúde e plasticidade neuronal (Chin-Chan et al., 2015; Tan et al., 2019).

Stress oxidativo

O stress oxidativo é cada vez mais reconhecido como um fator significativo no início e na progressão das doenças neurodegenerativas, perturbando a estabilidade e a função celular (Mahmoud et al., 2018). Este fenómeno ocorre quando há um desequilíbrio redox - essencialmente, um desalinhamento entre a geração de ROS e espécies reativas de nitrogénio (RNS) e os sistemas de defesa antioxidante da célula. Em condições normais, estas defesas antioxidantes neutralizam as ROS/RNS, mantendo o equilíbrio celular. No entanto, no stress oxidativo, as ROS e as RNS são produzidas a taxas que excedem a capacidade da célula para as neutralizar, levando a uma redução substancial da eficácia destas defesas antioxidantes (figura 5) (Nageshwar et al., 2018). A acumulação descontrolada de ROS/RNS provoca danos generalizados nas macromoléculas celulares, incluindo ácidos nucleicos, lípidos, hidratos de carbono e proteínas. Este dano molecular é suficientemente grave para desencadear vias que conduzem à morte celular necrótica, onde as membranas celulares são rompidas e as respostas inflamatórias são iniciadas. Além disso, o stress oxidativo pode ativar as vias apoptóticas, mecanismos de morte celular programada que conduzem à autodestruição celular (Gong et al., 2010). Estes processos destrutivos comprometem a integridade celular e contribuem de forma decisiva para os processos neurodegenerativos observados em várias doenças.

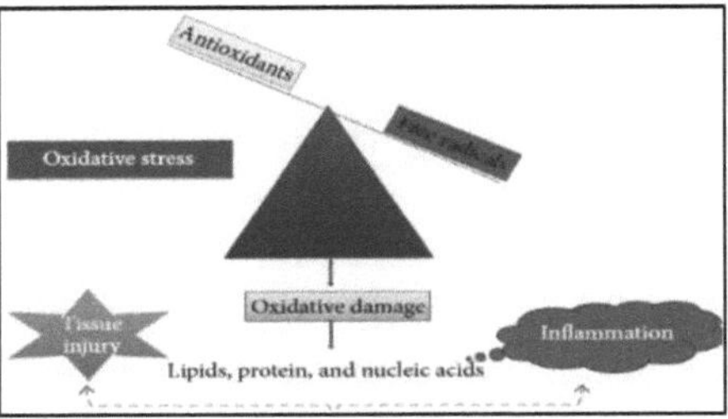

Fig (5): Desequilíbrio de antioxidantes e radicais livres (Arulselvan et al., 2016).

O cérebro é particularmente suscetível aos danos oxidativos causados pelos radicais livres devido a várias caraterísticas fisiológicas únicas. Em primeiro lugar, os neurónios do cérebro consomem grandes quantidades de oxigénio para suportar o metabolismo oxidativo contínuo, que, embora essencial para a produção de energia, gera uma quantidade significativa de ROS como subproduto. Além disso, as membranas neuronais são ricas em ácidos gordos poli-insaturados (PUFA), que são altamente propensos à peroxidação lipídica quando expostos a ROS. A agravar esta vulnerabilidade está o sistema de defesa antioxidante relativamente limitado do cérebro, que se esforça por contrariar níveis elevados de stress oxidativo, juntamente com uma baixa capacidade de reparação celular nos neurónios, aumentando ainda mais o risco de danos duradouros. Além disso, o cérebro contém elevadas concentrações de metais de transição, como o ferro e o cobre, sobretudo em determinadas regiões. Estes metais podem participar na reação de Fenton, um processo que produz radicais hidroxilo - uma forma particularmente reactiva e prejudicial de ROS. Em conjunto, estes fatores tornam o tecido cerebral especialmente vulnerável ao stress oxidativo, contribuindo para a disfunção celular e a degeneração ao longo do tempo (Chiş et al., 2016)

A- Oxidantes e o seu papel no stress oxidativo

• Óxido Nítrico (NO)

O óxido nítrico (NO) é um RNS gerado no cérebro como parte dos processos normais de sinalização celular, mas pode tornar-se prejudicial em quantidades excessivas. A síntese de NO ocorre através da conversão do aminoácido L-arginina em L-citrulina, catalisada pela família de enzimas conhecida como óxido nítrico sintases (NOS). Estas enzimas existem em três formas principais: NOS endotelial (eNOS), NOS neuronal (nNOS) e NOS induzível (iNOS). Enquanto a eNOS e a nNOS estão tipicamente envolvidas na sinalização celular normal em níveis regulados, a iNOS torna-se ativa principalmente em condições inflamatórias, como durante a progressão de doenças neurodegenerativas (Omar e Sarhan, 2017).

Quando a iNOS é regulada positivamente, a produção de NO no cérebro aumenta drasticamente. Nestas condições, o NO reage facilmente com o anião superóxido (O2--) para formar peroxinitrito (ONOO-), um oxidante altamente reativo e prejudicial. O peroxinitrito é significativamente mais tóxico do que os seus precursores e tem efeitos prejudiciais em várias estruturas celulares. Inicia a desnaturação das proteínas, alterando a sua estrutura, o que prejudica a sua função, e modifica as cadeias laterais dos aminoácidos, levando à disfunção de enzimas, receptores e proteínas estruturais (figura 6).

Além disso, o peroxinitrito induz a peroxidação lipídica (LPO) na membrana celular, atacando os PUFAs e perturbando a fluidez, a integridade e a permeabilidade da membrana. Este dano peroxidativo desestabiliza a bicamada lipídica, conduzindo a fugas celulares, a uma sinalização deficiente e, por fim, à morte celular. O peroxinitrito também causa danos extensos no ADN, incluindo quebras de cadeia e modificações de bases, que podem desencadear mecanismos de reparação que, quando sobrecarregados, levam à paragem do ciclo celular ou à apoptose. Este potente oxidante também esgota as defesas antioxidantes ao reduzir os níveis de moléculas como o glutatião (GSH), tornando mais difícil para as células neutralizarem as ROS e protegerem-se dos danos oxidativos (Chiş et al., 2016).

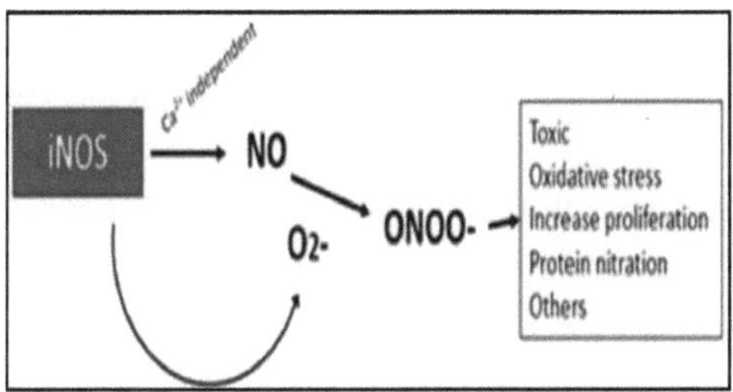

Fig (6): Os efeitos do NO produzido pela iNOS (Lind et al., 2017).

• Peroxidação lipídica (LPO)

A LPO é um dos principais e mais prejudiciais resultados do stress oxidativo, especialmente no cérebro. O LPO refere-se à degradação oxidativa dos lípidos, particularmente dos AGPI nas membranas celulares. Os AGPI são especialmente vulneráveis às ERO devido à presença de ligações duplas, que proporcionam sítios para ataques oxidativos por radicais livres. Quando os níveis de ROS e RNS são elevados, estas moléculas atacam os componentes fosfolípidos das membranas celulares, resultando na formação de peróxidos lipídicos. Este processo não só danifica a integridade estrutural da membrana celular, mas também leva à formação de subprodutos tóxicos secundários, como o malondialdeído (MDA) e o 4-hidroxinonenal (4-HNE), que podem danificar ainda mais as proteínas e o ADN (Ali et al., 2014; Chen et al., 2012).No cérebro, a elevada concentração de PUFAs, particularmente o ácido araquidónico (AA) e o ácido docosahexaenóico (DHA), torna os tecidos neurais especialmente propensos a LPO. O AA (20:4n-6, um PUFA ómega 6) e o DHA (22:6n-3, um PUFA ómega 3) são componentes críticos das membranas neuronais, onde desempenham papéis essenciais na manutenção da fluidez da membrana, apoiando a neuroplasticidade e facilitando a sinalização sináptica. Estes ácidos gordos são parte integrante de numerosos processos, incluindo a sobrevivência dos neurónios, a neurogénese (a formação de novos neurónios), as respostas inflamatórias, as funções cognitivas, como a aprendizagem e a memória, e os processos de neurotransmissão (Manna et al., 2013; Chen e Zhong, 2014). A fluidez e a permeabilidade das membranas ficam comprometidas, o que prejudica a sinalização celular e a troca de nutrientes e pode, em última análise, levar à disfunção ou morte celular. Além disso, os PUFAs são precursores de moléculas bioactivas como os eicosanóides, que estão envolvidos em respostas inflamatórias. A peroxidação do AA e do DHA perturba estas vias, contribuindo potencialmente para a neuroinflamação e para danos neuronais adicionais em condições neurodegenerativas.

•Via de biossíntese de PUFA

A biossíntese do AA e do DHA, componentes essenciais das membranas neuronais, começa com as suas moléculas precursoras: o ácido linoleico (LA, C18:2n-6) para o AA e o ácido alfa-linolénico (ALA, C18:3n-3) para o DHA. Estas vias implicam processos bioquímicos complexos, incluindo etapas sequenciais de alongamento e de dessaturação catalisadas por enzimas como as elongases dos ácidos gordos e as dessaturases específicas ($\Delta 6$ e $\Delta 5$ dessaturases). Cada passo adiciona ou ajusta o grau de insaturação na cadeia de ácidos gordos, resultando em PUFAs que são depois incorporados em fosfolípidos dentro das membranas celulares (Aziza et al., 2014). Esta via realça a complexidade bioquímica da manutenção da integridade e da função das membranas, que são criticamente vulneráveis ao stress oxidativo e à peroxidação lipídica. A figura 7 mostra a formação de AA e DHA a partir dos seus respectivos compostos parentais, o ácido linoleico (LA, C18:2n-6) e o ácido alfa-linolénico (ALA, C18:3n-3), através de etapas sequenciais alternadas de alongamento e dessaturação catalisadas por elongases de ácidos gordos, para além de $\Delta 6$ e $\Delta 5$ desaturases (figura 7) (**Aziza et al., 2014**).

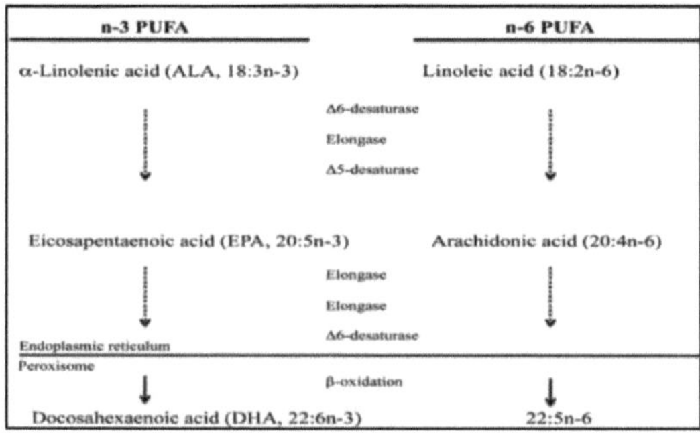

Fig (7): As vias metabólicas dos PUFA n-3 e PUFA n-6 (Barman et al., 2015).

B- Mecanismos de defesa antioxidante

Nas doenças neurodegenerativas, a produção excessiva de ROS pode sobrecarregar os sistemas de defesa antioxidante do cérebro. Este aumento das ERO pode inativar enzimas antioxidantes essenciais, levando a uma diminuição da capacidade de contrariar o stress oxidativo. A defesa antioxidante inclui tanto antioxidantes enzimáticos, como a superóxido dismutase (SOD), a catalase, a glutationa peroxidase (GPX) e a paraoxonase, como antioxidantes não enzimáticos, incluindo a glutationa reduzida (GSH), o ácido ascórbico (vitamina C) e o α-tocoferol (vitamina E) (Erukainure et al., 2016). Estes antioxidantes actuam em sinergia para neutralizar as ERO e proteger o cérebro dos danos oxidativos.

Glutatião reduzido (GSH)

A GSH é o antioxidante à base de tiol mais abundante e crucial no cérebro, formando uma defesa de primeira linha contra os danos oxidativos. A GSH é composta por uma estrutura tripeptídica constituída por glutamato, cisteína e glicina, ligados por uma ligação γ-glutamil única. O componente cisteína contém um grupo tiol reativo (-SH), que desempenha um papel fundamental na neutralização das ROS e de outras espécies reactivas, doando electrões, "eliminando" eficazmente estas moléculas nocivas (Gandhi e Abramov, 2012).No cérebro, a síntese de GSH ocorre através de dois passos enzimáticos primários. O primeiro passo é catalisado pela γ-glutamilcisteína sintase, que combina glutamato e cisteína para formar o dipeptídeo γ-glutamilcisteína. Na etapa subsequente, a glutationa sintetase (GS) adiciona glicina à γ-glutamilcisteína, resultando na formação de GSH (Kim et al., 2015).Uma vez sintetizada, a GSH desempenha vários papéis na manutenção do equilíbrio redox celular. Elimina diretamente os radicais livres e reduz as ligações dissulfureto nas proteínas oxidadas, ajudando a manter a estrutura e a função das proteínas (Lakshmi et al., 2015). Além disso, a GSH actua como um co-substrato crítico para as enzimas antioxidantes, como a glutationa peroxidase (GPX) e a glutationa redutase (GR), que utilizam a GSH para neutralizar os peróxidos e regenerá-la a partir da sua forma oxidada, o dissulfureto de glutationa (GSSG).

Esta reciclagem de GSH é conduzida pela glutationa redutase e requer fosfato de nicotinamida adenina dinucleótido (NADPH) como dador de electrões (figura 8) (Cherdyntseva et al., 2013).

Para além do seu papel antioxidante direto, a GSH é também essencial para manter a atividade de outros antioxidantes. Pode regenerar a vitamina C e a vitamina E das suas formas oxidadas de volta aos seus estados activos de eliminação de radicais livres, aumentando assim a rede antioxidante no cérebro (Kurutas, 2016). Ao contribuir para a regeneração destes antioxidantes, a GSH desempenha um papel central na preservação da capacidade de defesa oxidativa do cérebro e na manutenção da saúde celular face ao stress oxidativo contínuo.

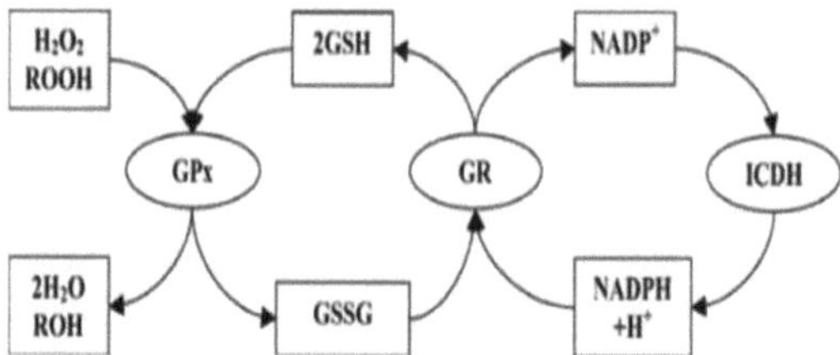

Fig (8): Ciclo redox do glutatião. A glutationa (GSH) é sintetizada a partir de glutamato, cisteína e glicina num processo dependente de ATP. Desintoxica espécies reactivas de oxigénio (ROS) como o peróxido de hidrogénio (H_2O_2) através da glutationa peroxidase, tornando-se oxidada (GSSG) no processo. A glutationa redutase usa então NADPH para reciclar GSSG de volta para GSH, mantendo um ciclo redox (**Simpson et al., 2015**).

* **Paraoxonases**

A família das paraoxonases (PON) é constituída por três enzimas - PON1, PON2 e PON3 - cada uma das quais desempenha diversos papéis na proteção e homeostasia celulares (Seow et al., 2016). Estas enzimas contribuem significativamente para a defesa contra o stress oxidativo, reduzindo a LPO, desintoxicando moléculas reactivas e modulando processos como a proliferação celular e a apoptose, que são fundamentais para prevenir danos e disfunções celulares (Martinelli et al., 2013). É amplamente expressa em vários tipos de células e tem dois locais-chave de ligação ao cálcio: um é essencial para manter a estabilidade estrutural da enzima, enquanto o outro é crucial para a sua atividade catalítica. Esta dupla capacidade de ligação ao cálcio permite que a PON1 funcione eficazmente na corrente sanguínea, onde se liga às lipoproteínas de alta densidade (HDL) e exerce efeitos protectores contra os danos oxidativos (Rajkovic et al., 2011). No contexto da neurodegeneração, a PON1 desempenha um papel protetor essencial ao diminuir os níveis de peroxidação lipídica, prevenindo assim os danos nas membranas e a inflamação celular. A PON1 também atenua o impacto dos mediadores inflamatórios, que são frequentemente elevados em condições neurodegenerativas, reduzindo ainda mais a vulnerabilidade neuronal a danos oxidativos e inflamatórios (EL-Baz et al. 2016). Ao manter a estabilidade dos lípidos e das proteínas, a família das paraoxonases, em particular a PON1, ajuda a proteger os os neurónios de danos oxidativos e inflamatórios, sublinhando a sua importância na neuroprotecção.

Neuroinflamação

A neuroinflamação é a resposta imunitária que ocorre nos tecidos neuronais do cérebro, frequentemente desencadeada por factores como lesões nos tecidos, infecções, envelhecimento, predisposições genéticas, toxinas ambientais ou condições relacionadas com doenças. Estes factores activam as células imunitárias primárias do cérebro, conhecidas como microglia, que respondem através da libertação de vários mediadores inflamatórios destinados a conter e a lidar com potenciais ameaças. No entanto, a neuroinflamação crónica ou excessiva está implicada em numerosas doenças neurodegenerativas, uma vez que pode levar a danos celulares sustentados e disfunção neuronal (Adhikari-Devkota et al., 2019). Um regulador chave nesta resposta inflamatória é o fator de transcrição fator nuclear-kappa B (NF-κB). Em condições normais, o NF-κB é mantido inativo no citoplasma, ligado ao seu inibidor, IκB (inibidor do fator nuclear-kappa B). Quando ativado por estímulos inflamatórios, o NF-κB dissocia-se do IκB e transloca-se para o núcleo, onde inicia a transcrição de citocinas e quimiocinas pró-inflamatórias. Estas incluem a interleucina-1 beta (IL-1β), o fator de necrose tumoral alfa (TNF-α), a proteína quimiotáctica de monócitos-1 (MCP-1), a ciclooxigenase-2 (COX-2), a interleucina-6 (IL-6) e a iNOS. A regulação positiva destas moléculas inflamatórias exacerba o stress celular e aumenta a apoptose (morte celular programada) nos tecidos neuronais, conduzindo à neurodegeneração e contribuindo para a perda progressiva de

neurónios observada em condições neurodegenerativas (figura 9) (Cho et al.,
2003; Shabab et al., 2017).

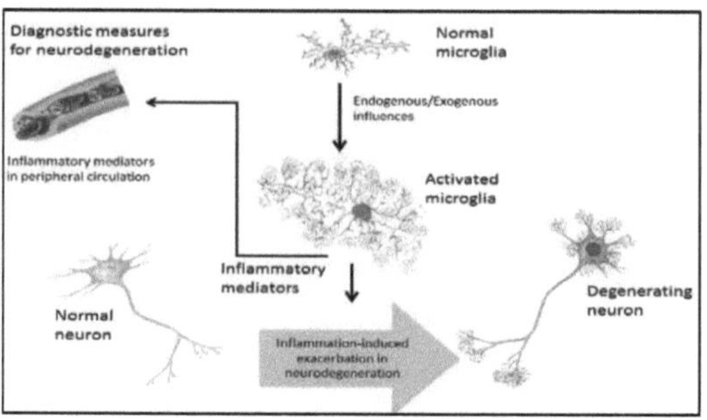

Fig (9): A neuroinflamação na neurodegeneração (Choudhury et al., 2018).

- **Fator de necrose tumoral-α**

O fator de necrose tumoral-alfa (TNF-α) é uma citocina pró-inflamatória
pertencente à superfamília do TNF, desempenhando um papel central na
condução de vias de sinalização inflamatória em vários processos fisiológicos e
patológicos (McCoy e Tansey, 2008). O TNF-α exerce os seus efeitos através da
interação com dois receptores de superfície celular distintos: O recetor de TNF
tipo I (TNFRI, também conhecido como p55) e o recetor de TNF tipo II
(TNFRII, ou p75) (Chau et al., 2004). Cada recetor medeia vias de sinalização
únicas, permitindo que o TNF-α desencadeie um amplo espetro de respostas
específicas do tipo de célula. Quando o TNF-α se liga ao TNFRI ou ao TNFRII,
inicia uma série de eventos moleculares que regulam as respostas imunitárias.
Estes incluem a ativação e o recrutamento de leucócitos (glóbulos brancos), que
desempenham papéis fundamentais na vigilância imunitária e na inflamação,
bem como a produção e libertação de citocinas inflamatórias adicionais, como a
interleucina-1 beta (IL-1β) e ainda mais TNF-α. Além disso, a ligação do TNF-α
pode ativar cascatas de sinalização apoptótica, levando à morte celular
programada, que é crítica na regulação da remodelação dos tecidos e no controlo
das infecções. No entanto, em doenças inflamatórias crônicas ou condições
neurodegenerativas, a sinalização prolongada de TNF-α pode exacerbar o dano

tecidual e a perda celular, sustentando um estado inflamatório (figura 10) (Wang et al., 2018).

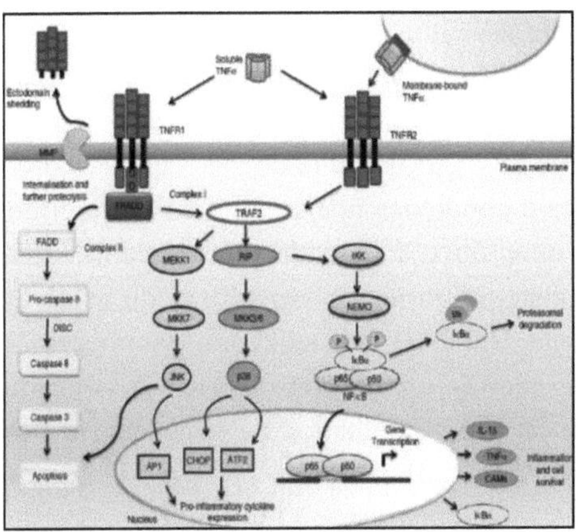

Fig (10): Sinalização através dos receptores 1 e 2 do TNF (Turner et al., 2014).

• Proteína quimiotáctica de monócitos-1

A proteína quimiotáctica de monócitos-1 (MCP-1), também conhecida como CCL2, é um membro importante da família das quimiocinas C-C que desempenha um papel fundamental na progressão das doenças neuroinflamatórias. Apresenta uma ativação significativa e propriedades quimiotácticas que visam especificamente os monócitos e os macrófagos, como demonstrado na investigação de Du et al. (2016). O MCP-1 é crucial na regulação da migração e da infiltração destas células imunitárias nos tecidos afectados, facilitando a sua resposta à inflamação. Além disso, influencia a expressão de várias citocinas e quimiocinas pró-inflamatórias, incluindo o fator de necrose tumoral alfa (TNF-α), interleucina-6 (IL-6) e sua própria síntese, MCP-1, conforme destacado por Lee et al. (2018). Este papel multifacetado ressalta a importância do MCP-1 na mediação de respostas inflamatórias e seu impacto potencial na patogênese de condições neuroinflamatórias.

•Apoptose

A apoptose, vulgarmente designada por morte celular programada, é um processo essencial que assegura o desenvolvimento normal e a manutenção da homeostasia dos tecidos. Este mecanismo é crucial para a eliminação de células danificadas ou desnecessárias, contribuindo assim para a saúde geral dos tecidos. No contexto da neurotoxicidade, as células cerebrais podem sofrer apoptose em resposta a condições nocivas, tal como referido por Bharathi et al. (2008). O processo apoptótico é iniciado através da ativação das caspases, que são uma família de cisteína-proteases específicas do ácido aspártico, bem como da família de proteínas Bcl-2 (B-cell leukemia/lymphoma-2), tal como referido por Myzak e Carr (2002). As caspases são classificadas em três grupos principais com base na sua semelhança de sequência e funções biológicas. O grupo I inclui as caspases inflamatórias-1, -4 e -5, que estão principalmente envolvidas em respostas inflamatórias. O Grupo II é constituído pelas caspases-3, -6 e -7, que são frequentemente designadas por "executoras da apoptose" devido ao seu papel na execução do programa de morte. Finalmente, o Grupo III engloba as caspases iniciadoras-8, -9 e -10, que desencadeiam a cascata apoptótica (Julien e Wells, 2017).Nas células, as caspases são expressas como precursores inactivos conhecidos como zimogénios ou procaspases. O processo de apoptose começa quando as caspases iniciadoras sofrem uma clivagem proteolítica, que subsequentemente ativa as caspases efectoras. Estas caspases efectoras são responsáveis pela degradação de proteínas estruturais chave, moléculas de sinalização e enzimas de reparação do ADN dentro da célula (Snigdha et al., 2012). Entre estas caspases efectoras, a caspase-3 é particularmente significativa, uma vez que a sua ativação é um passo crítico na apoptose neuronal e é frequentemente considerada como o evento terminal que conduz à morte celular. Para além do seu papel na apoptose, a caspase-3 também tem funções alternativas, como a modulação da plasticidade sináptica, contribuindo para os processos de memória e aprendizagem, facilitando a remodelação do citoesqueleto e influenciando a diferenciação das células gliais (Snigdha et al., 2012; Tzeng et al., 2013).

3. ÁCIDO LIPÓICO

Os antioxidantes tiólicos têm surgido como candidatos promissores para o tratamento de várias doenças cerebrais. Entre eles, o ácido alfa-lipóico (α-LA) se destaca como um antioxidante ditiol que pode ter aplicações clínicas no tratamento e prevenção de condições relacionadas ao cérebro e aos nervos, conforme observado por Mei e Yang (2017). α-LA, também conhecido como ácido tióctico, é quimicamente caracterizado por vários nomes, incluindo ácido 1,2-ditiolano-3-pentanóico, ácido 1,2-ditiolano- 3-valérico e ácido 6,8-ditioctanóico (Mohamed e Meligy, 2018). Este composto possui uma série de propriedades benéficas, incluindo actividades antioxidantes, anti-inflamatórias e anti-apoptóticas. Uma vantagem significativa do α-LA é a sua capacidade de penetrar em todas as membranas celulares, incluindo a barreira hematoencefálica, o que é fundamental para tratar os distúrbios do sistema nervoso central (Mei e Yang, 2017). Devido à sua capacidade de contrariar o stress oxidativo, o α-LA é utilizado como agente terapêutico para prevenir várias doenças ligadas ao dano oxidativo, particularmente distúrbios neurológicos (Li e Lim, 2016). Como ilustrado na Figura 11, o α-LA contém um grupo hidroxilo livre que funciona como dador de electrões, contribuindo para a sua eficácia na eliminação de radicais livres. Além disso, possui dois grupos tiol que podem existir nas formas oxidada ou reduzida, aumentando o seu potencial antioxidante (Goraca et al., 2011).

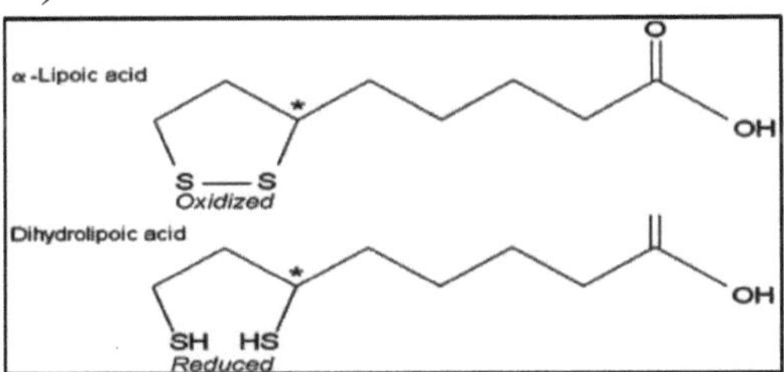

Fig (11): Estrutura química do ácido α-lipóico e do ácido dihidrolipóico (Goraca et al., 2011).

O α-LA é um composto dissulfureto de ocorrência natural que é sintetizado na mitocôndria a partir do ácido octanóico, um ácido gordo de cadeia curta, e da cisteína, que serve como fonte de enxofre. Esta síntese ocorre através da ação enzimática da lipoic acid synthase. No entanto, o corpo produz α-LA em quantidades insuficientes para atender às suas necessidades fisiológicas, destacando a importância de obtê-lo de fontes exógenas por meio de suplementação dietética (Salehi et al., 2019).Uma vez no cérebro, o α-LA é rapidamente reduzido a dihidrolipoato (DHLA). Juntos, α-LA e DHLA formam um poderoso par redox, dotando-os de propriedades antioxidantes significativas. Esta capacidade permite-lhes eliminar eficazmente os ERO nas membranas celulares, no citosol e nos espaços extracelulares. Para além de neutralizarem os ERO, tanto o α-LA como o DHLA podem eliminar produtos de LPO e inibir a sua formação quelando iões de metais de transição, que são conhecidos por catalisar reacções oxidativas (figura 12).

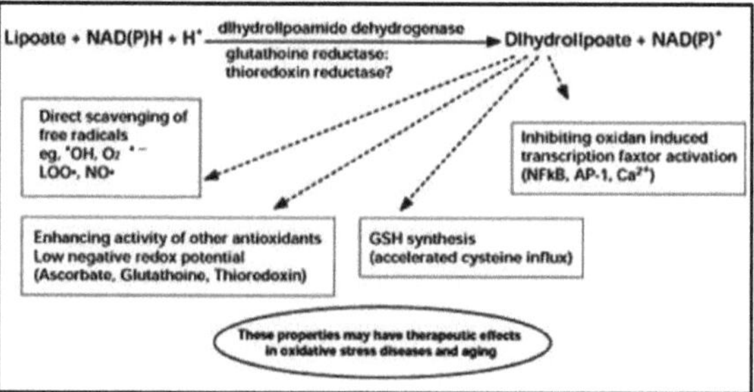

Fig (12): Os mecanismos de ação pleiotrópicos do α-LA/DHLA (Ambrosi et al., 2018).

Além disso, α-LA exibe propriedades anti-apoptóticas significativas em vários tipos de células, principalmente devido à sua capacidade de prevenir a morte celular induzida por oxidantes e inibir as vias de ativação da caspase, conforme demonstrado por Baluchnejadmojarad et al. (2012). Além disso, o α-LA possui efeitos anti-inflamatórios ao suprimir o NF-κB , levando a uma redução na expressão de vários fatores pró-inflamatórios, particularmente IL-1β , TNF-α , MCP-1 e iNOS (Kryl'skiy et al., 2016). Para além dos seus papéis antioxidantes e anti-inflamatórios, o α-LA funciona como um cofator para complexos enzimáticos de desidrogenase mitocondrial, que são essenciais para a produção de energia mitocondrial, desempenhando assim um papel crucial no metabolismo energético (Ferreira et al., 2009). Apesar das suas propriedades biológicas benéficas, o α-LA tem várias limitações. Apresenta baixa solubilidade em água e é sensível a factores ambientais como a luz, o calor e o ar, que podem levar à oxidação. Além disso, o α-LA decompõe-se gradualmente à temperatura ambiente, produzindo um odor desagradável e um sabor irritante devido ao seu teor de enxofre. Este composto também tende a polimerizar a temperaturas que excedem seu ponto de fusão (44-49°C), tornando o produto polimerizado quase insolúvel em todos os solventes, o que limita sua usabilidade (Dhaundiyal et al., 2016). Além disso, o α-LA é caracterizado por uma meia-vida plasmática curta de aproximadamente 30 minutos e exibe biodisponibilidade baixa e variável, o que apresenta desafios para sua aplicação efetiva em contextos terapêuticos (Salehi et al., 2019).

4. NANOTECNOLOGIA

A nanotecnologia está a emergir como uma abordagem promissora para aumentar a eficiência da administração de medicamentos, particularmente para enfrentar os desafios associados à utilização de AL (Saliq et al., 2020). Este domínio inovador combina ciência e engenharia de fabrico avançadas, centrando-se na criação de materiais à nanoescala, que é da ordem de um bilionésimo de metro (Chenthamara et al., 2019). A aplicação da nanotecnologia na medicina é comummente designada por nanomedicina, que engloba um vasto leque de oportunidades na investigação farmacêutica e biomédica, incluindo a administração de medicamentos específicos e aplicações de diagnóstico (Mohanta et al., 2019). As nanopartículas, que servem de materiais de transporte para a administração de fármacos, têm normalmente um tamanho que varia entre 10 e 1000 nanómetros (Reddy et al., 2011). As suas propriedades físico-químicas únicas - como o tamanho ultra-pequeno e uma elevada relação área de superfície/massa - tornam-nas sistemas de administração versáteis aplicáveis em vários domínios, incluindo a medicina, os produtos farmacêuticos e a indústria alimentar (Reddy et al., 2011; Gogoi et al., 2020). Isto é conseguido através da alteração da sua farmacocinética e biodistribuição, bem como da proteção contra factores externos como a luz, a humidade e o oxigénio, que podem degradar os compostos activos. Consequentemente, as formulações de nanopartículas podem aumentar o prazo de validade dos medicamentos, permitindo simultaneamente a libertação controlada, prolongando a meia-vida dos fármacos in vivo, melhorando a solubilidade, a estabilidade, as condições de armazenamento e a biodisponibilidade (Huang et al., 2010; Gao et al., 2011).

Tipos de nanopartículas

As nanopartículas utilizadas em sistemas de administração de medicamentos podem ser sintetizadas a partir de uma variedade de materiais orgânicos e inorgânicos, incluindo lípidos, proteínas, polímeros sintéticos e naturais e metais (Chenthamara et al., 2019).

I. Polímeros naturais

Os polímeros naturais ganharam uma atenção considerável na administração de medicamentos devido à sua biocompatibilidade, biodegradabilidade, não toxicidade, abundância na natureza e baixo custo. Podem ser obtidos a partir de uma vasta gama de recursos naturais, incluindo plantas, animais, algas, bactérias e fungos (Wong et al., 2020). Os polímeros naturais podem ser classificados em duas categorias: proteínas, como o colagénio, a gelatina e a albumina, e polissacáridos, como o quitosano, o dextrano, a celulose e o ácido hialurónico (Wang e Rempel, 2015). O quitosano consiste em unidades alternadas de β-D-glucosamina e N-acetil-D-glucosamina ligadas através de (1→4) ligações (Figura 13) (Gogoi et al., 2020).O quitosano tem suscitado um interesse significativo em aplicações de administração de medicamentos devido às suas propriedades únicas, incluindo biocompatibilidade, biodegradabilidade e não toxicidade (Baharifar e Amani, 2017). A sua estrutura molecular contém grupos amina e hidroxilo livres, que melhoram as suas propriedades físicas e biológicas durante o processo de conjugação. Além disso, a sua natureza hidrofílica facilita a fácil conjugação com moléculas hidrofóbicas, levando à formação de nanopartículas auto-montadas que são altamente eficazes para a libertação controlada de agentes terapêuticos (Chenthamara et al., 2019).

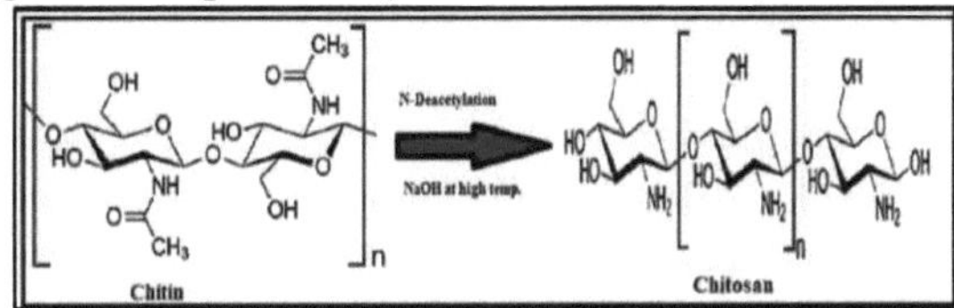

Fig (13): Estrutura do quitosano (Idrees et al., 2020).

II. Nanopartículas à base de lípidos

As nanopartículas à base de lípidos para a administração de fármacos estão a emergir como uma tecnologia de ponta no desenvolvimento farmacêutico, particularmente devido à sua capacidade de aumentar a solubilidade e a biodisponibilidade de fármacos pouco solúveis em água. Estes sistemas ganharam uma força considerável porque são biodegradáveis e biocompatíveis; as nanopartículas à base de lípidos são feitas de lípidos fisiológicos, o que as torna bem toleradas e não tóxicas (Güven, 2020). Além disso, podem prolongar a duração da ação do fármaco, prolongando a semi-vida do fármaco e permitindo mecanismos de libertação controlada (García-Pinel et al., 2019).

• **Tipos de nanopartículas à base de lípidos**

As nanopartículas à base de lípidos englobam várias formulações, incluindo nanopartículas lipídicas sólidas (SLN), lipossomas e transportadores lipídicos nanoestruturados (NLC) (Güven, 2020).

Nanopartículas lipídicas sólidas (SLNs)

Os SLN são sistemas coloidais de administração de fármacos compostos por lípidos biocompatíveis ou fisiológicos que mantêm um estado sólido à temperatura ambiente e à temperatura corporal. Os lípidos sólidos utilizados para o encapsulamento de fármacos nos SLN incluem mono, di ou triglicéridos, ácidos gordos e misturas complexas de glicéridos. Essas partículas geralmente variam em tamanho de 50 a 1000 nanômetros (Figura 14) (García-Pinel et al., 2019). Os SLNs oferecem inúmeras vantagens, como tolerabilidade superior e ausência de resíduos de solventes orgânicos, permitindo a entrega de medicamentos específicos do local de forma controlada. Eles melhoram a biodisponibilidade dos medicamentos e podem encapsular compostos lipofílicos e hidrofílicos, aumentando assim a estabilidade da formulação do medicamento in vitro (Mohanta et al., 2019). Além disso, os SLNs exibem caraterísticas notáveis, incluindo estabilidade física a longo prazo, liberação sustentada de medicamentos devido à matriz lipídica sólida, proteção para medicamentos sensíveis, baixos custos de produção, facilidade de preparação, tamanho pequeno, grande área de superfície e não toxicidade (García-Pinel et al., 2019).

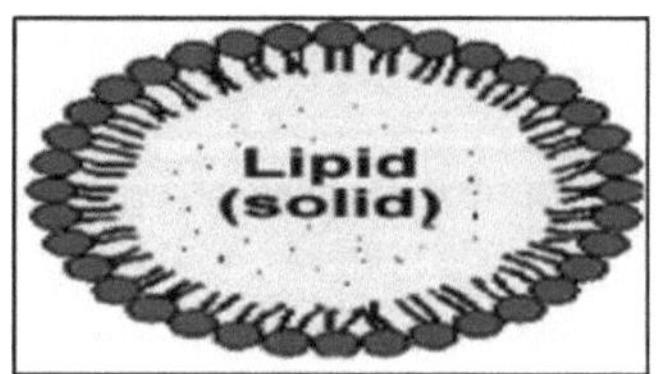

Fig (14): Estrutura da nanopartícula lipídica sólida (Ekambaram et al., 2012).

5. EFEITOS NEUROPROTECTORES DO ÁCIDO ALFA-LIPÓICO SOB A FORMA DE NANOPARTÍCULAS CONTRA A NEUROTOXICIDADE INDUZIDA PELO CLORETO DE ALUMÍNIO

O α-LA possui atividade biológica, mas é suscetível à degradação, tem fraca solubilidade em água e baixa biodisponibilidade. Para aumentar sua estabilidade e eficácia, encapsular α-LA em NPs biodegradáveis é essencial para protegê-lo de condições adversas (Dhaundiyal et al., 2016). Esta abordagem visa melhorar a eficácia do α-LA contra a neurotoxicidade induzida por AlCl3. A eficiência de encapsulamento de α-LA em nanopartículas lipídicas sólidas (SLNPs) foi considerada maior do que em nanopartículas de quitosana (CsNPs), atribuída ao tamanho menor e maior área de superfície das SLNPs (Metwaly et al., 2022). Metwaly et al., (2022) mostraram que a análise microscópica indica que, enquanto as CsNPs e as α-LA-CsNPs exibem formas esféricas irregulares e aglomeração, as SLNPs exibem uma morfologia esférica mais uniforme com melhor distribuição, provavelmente devido a processos de homogeneização eficazes. Além disso, a estabilização eletrostática contribui para a estabilidade destas NPs . A análise do tamanho das partículas mostra que as SLNPs são menores que as CsNPs, o que pode resultar da rutura das gotículas de emulsão antes da cristalização em partículas lipídicas sólidas (García-Pinel et al., 2019). Como o menor diâmetro capilar no sangue é de aproximadamente 4000 nm, as NPs menores que 100 nm podem se difundir com mais eficácia, enquanto as partículas maiores são absorvidas pelo sistema reticuloendotelial (Velasco-Rodríguez et al., 2012), 2012). Em estudos que examinam a neurotoxicidade, a exposição ao AlCl3 está associada a níveis aumentados de NO e MDA , juntamente com uma diminuição significativa dos antioxidantes endógenos, como a atividade de GSH e PON-1 (Abdel-Salam et al., 2015 & Metwaly et al., 2022). Isto é consistente com os resultados que sugerem que o AlCl3 promove o stress oxidativo no cérebro (Al- Otaibi et al., 2018).

As propriedades pró-oxidantes do alumínio resultam da sua capacidade de se ligar à transferrina, levando a um excesso de iões de ferro livres que podem causar danos oxidativos nos lípidos das membranas. Além disso, o alumínio pode inibir a atividade dos antioxidantes endógenos, afetando as enzimas envolvidas na geração de GSH, bem como reduzindo a atividade da PON-1, provavelmente devido a interações com os radicais livres (Khafaga, 2017; Al-Otaibi et al., 2018). Por outro lado, o tratamento com α-LA, seja sozinho ou na forma de nanopartículas, demonstrou elevar os níveis cerebrais de GSH e a atividade da PON-1, enquanto reduz os níveis de NO e MDA em comparação com grupos neurotóxicos (Abdel-Wahab & Metwally, 2014). Sabe-se que o α-LA regenera vários antioxidantes, o que, por sua vez, ajuda a aliviar o stress oxidativo (Manolescu et al., 2013). Além disso, a sua estrutura de ditiol permite a eliminação eficaz de radicais livres e a quelação de metais de transição, reduzindo a peroxidação lipídica (El-Feki et al., 2016).

Os lípidos da membrana cerebral são ricos em PUFAs , que são vitais para a função neuronal e os processos cognitivos (Kumar et al., 2019). Foram observadas concentrações diminuídas de PUFA após a exposição ao AlCl3, provavelmente devido a processos de peroxidação lipídica que visam as ligações duplas em ácidos gordos insaturados. Além disso, as espécies reativas de oxigénio (ROS) podem reduzir a atividade das enzimas envolvidas na síntese de PUFA (Guvenc et al., 2009; Balgoon et al., 2015).

Metwaly et al. (2022) relataram que em grupos tratados, um aumento nas concentrações de PUFA no cérebro é frequentemente observado, provavelmente devido ao papel do α- LA em aumentar a expressão de enzimas dessaturase críticas para a biossíntese de PUFA (Guvenc et al., 2009; Aziza et al., 2014).

Relativamente à inflamação, a exposição ao AlCl3 tende a elevar a produção de marcadores inflamatórios, reflectindo uma resposta inflamatória induzida no cérebro (Zaky et al., 2013). Níveis elevados de ROS podem ativar a produção de citocinas pró-inflamatórias, o que também pode afetar factores neurotróficos como o BDNF (Kamarudin et al., 2014). O BDNF é crucial para a manutenção neuronal, a sobrevivência e a plasticidade sináptica, e os seus níveis são frequentemente reduzidos em condições neurodegenerativas. As respostas inflamatórias podem inibir a produção de BDNF através da ativação de factores de transcrição específicos (Giacobbo et al., 2019).

O tratamento com formulações de α-LA pode levar à diminuição dos níveis de marcadores inflamatórios e a um aumento do BDNF, potencialmente através da modulação das vias de sinalização que inibem a inflamação e promovem a saúde neuronal (Metwaly et al., 2022).A caspase-3 é um ator chave na degeneração neuronal apoptótica. O aumento da atividade da caspase-3 é frequentemente observado em condições neurotóxicas, o que se correlaciona com o aumento da sinalização pró-apoptótica e a redução dos fatores antiapoptóticos (Khan et al., 2018). No entanto, o tratamento com α-LA parece mitigar esses efeitos, sugerindo um papel protetor contra a apoptose em células neuronais (Metwaly et al., 2022). As funções de aprendizagem e memória podem ser afetadas pela atividade colinérgica, que é regulada pela AChE (Auti & Kulkarni, 2019). A neurotoxicidade do AlCl3 pode interromper a função colinérgica, evidenciada pelo aumento da atividade da AChE. O tratamento com formulações de α-LA mostrou potencial na regulação da atividade da AChE, melhorando assim a transmissão colinérgica (Al-Otaibi et al. 2018)& (Metwaly et al., 2022). Metwaly et al.(2022) relataram que os exames histopatológicos do tecido cerebral de condições neurotóxicas revelam frequentemente alterações necróticas e degenerativas. Em contraste, o tratamento com formulações de α-LA pode levar a melhorias significativas na arquitetura cerebral, demonstrando os efeitos neuroprotectores do α-LA . Em geral, os resultados sugerem que o α-LA encapsulado em nanopartículas lipídicas sólidas pode oferecer uma maior proteção contra a neurotoxicidade, melhorando significativamente os efeitos antioxidantes e anti-inflamatórios. Essas formulações exibem biocompatibilidade favorável e o potencial de entrega eficaz de medicamentos através de barreiras biológicas, contribuindo para melhores resultados terapêuticos em contextos neurológicos (Ruktanonchai et al., 2009; Furtado et al., 2018).

CONCLUSÃO

As técnicas de nanoemulsão e nanoencapsulação empregadas para α- LA demonstram ser promissoras na superação de desafios relacionados à sua solubilidade, estabilidade e biodisponibilidade (Satapathy et al., 2021). A morfologia esférica e o tamanho menor das nanopartículas resultantes indicam sua potencial superioridade na entrega de α-LA de forma eficaz, particularmente no tratamento de condições neurotóxicas. Em conclusão: o ácido alfa-lipóico (α-LA) mostra-se consideravelmente promissor como agente neuroprotector devido às suas poderosas propriedades antioxidantes, anti-inflamatórias e anti-apoptóticas. No entanto, a eficácia do α-LA tem sido historicamente prejudicada pela sua fraca solubilidade, estabilidade e biodisponibilidade, que limitam as suas aplicações terapêuticas. As estratégias de nanoencapsulação, particularmente o desenvolvimento de nanopartículas lipídicas sólidas (SLNPs), oferecem uma solução promissora para estas limitações. As SLNP proporcionam uma melhor eficiência de encapsulamento, protegem o α-LA da degradação e aumentam a sua biodisponibilidade, mantendo um perfil de libertação estável e controlado no organismo. Estas formulações de nanopartículas também apresentam uma melhor biocompatibilidade e biodistribuição, aumentando o seu potencial para atravessar barreiras biológicas e fornecer α-LA a tecidos-alvo no cérebro. O uso de SLNPs e outros nanocarreadores para α-LA demonstrou resultados neuroprotetores superiores contra a neurotoxicidade induzida por $AlCl_3$. Essas nanoformulações melhoram os níveis de antioxidantes endógenos, reduzem os marcadores de estresse oxidativo e limitam as respostas inflamatórias, preservando assim a função e a arquitetura do cérebro. Além disso, ajudam a restaurar biomoléculas críticas, como o BDNF, os PUFAs e a atividade da AChE, que são essenciais para a manutenção neuronal e as funções cognitivas. A investigação futura sobre o encapsulamento de α-LA em nanocarreadores deve centrar-se no aperfeiçoamento da farmacocinética, das capacidades de seleção e da escalabilidade destas formulações. Além disso, a exploração dos efeitos do α-LA em combinação com outros compostos neuroprotectores pode aumentar a eficácia global dos tratamentos para doenças neurodegenerativas. Se estes desenvolvimentos continuarem a produzir resultados positivos, as nanoformulações de α-LA poderão desempenhar um papel significativo nas estratégias preventivas e terapêuticas para as doenças neurodegenerativas e outras patologias relacionadas com o stress oxidativo, estabelecendo-as como um avanço crítico na neurofarmacologia.

REFERÊNCIAS

• **Abd-Ella EM, El-Sisy SF, El-Dash HA (2016):** Efeitos protectores do ácido alfa-lipóico (α-LA) contra a neuro-toxicidade do chumbo em ratos albinos. Int J Pharm Sci Invent, **5:** 5-13.

• **Abdel-Salam OM, Hamdy SM, Seadawy SA, Galal AF, Abouelfadl DM, Atrees SS (2016):** Efeito do piracetam, vincamina, vinpocetina e donepezil no estresse oxidativo e na neurodegeneração induzida pelo cloreto de alumínio em ratos. Comp Clin Pathol, **25:** 305-318.

• **Abdel-Salam OM, Youness ER, Morsy FA, Mahfouz MM, Kenawy SA (2015):** Estudo do efeito de drogas antidepressivas e donepezil no comprometimento da memória induzida por alumínio e alterações bioquímicas em ratos. Comp Clin Pathol, **24:** 847-860.

• **Abdel-Wahab BA, Metwally ME (2014):** Efeito protetor do ácido alfa-lipóico contra a neurotoxicidade do hipocampo induzida pelo chumbo e o stress oxidativo neuronal em ratos. Austin J Pharmacol Ther, **2:** 1-8.

• **Aboelwafa HR, El-kott AF, Abd-Ella EM, Yousef HN (2020):** O possível efeito neuroprotetor da silimarina contra a doença semelhante à doença de Alzheimer induzida por cloreto de alumínio em ratos. Brain Sci, **10:** 628.

• **Adhikari-Devkota A, Kurauchi Y, Yamada T, Katsuki H, Watanabe T, Devkota HP (2019):** Atividades anti-neuroinflamatórias de extrato e polimetoxiflavonóides de cascas de frutas imaturas de Citrus 'Hebesu'. J Food Biochem, **43:** e12813.

• **Ali YF, Desouky OS, Selim NS, Ereiba KM (2014):** Avaliação do papel do ácido α-lipóico contra o estresse oxidativo da sobrecarga de ferro induzida. J Radiat Res Appl Sci, **8:** 26-35.

• **Al-Otaibi SS, Arafah MM, Sharma B, Alhomida AS, Siddiqi NJ (2018):** Efeito sinérgico da quercetina e do ácido α-lipóico na neurotoxicidade induzida por cloreto de alumínio em ratos. J Toxicol, **2018:** 2817036.

• **Ambrosi N, Guerrieri D, Caro F, Sanchez F, Haeublein G, Casadei D, et al. (2018):** Ácido alfa-lipóico: Uma estratégia terapêutica que tende a limitar a ação dos radicais livres no transplante. Int J Mol Sci,**19:** 102.

•**An, H., Ehsan, M. A., Zhou, Z., & Yi, Y.** (2017, março). Modelagem elétrica e análise de matriz sináptica 3D usando estrutura RRAM vertical. Em 2017, 18º Simpósio Internacional sobre Design Eletrônico de Qualidade (ISQED) (pp. 1-6). IEEE.

•**Anand T, Pandareesh MD, Manu TM, Khanum F, Roopa N, Madhukar N, et al. (2017):** A bebida à base de ervas Brahmi atenua as deficiências cognitivas induzidas pelo cloreto de alumínio. Def Life Sci J, **2:** 152-162.

•**Anetor JI, Anetor GO, Iyanda AA, Adeniyi FAA (2008):** Produtos químicos ambientais e neurotoxicidade humana: Magnitude, prognóstico e marcadores. Afr J Biomed Res, **11:** 1-12.

•**Arulselvan P, Fard MT, Tan WS, Gothai S, Fakurazi S, Norhaizan ME, et al. (2016):** Papel dos antioxidantes e produtos naturais na inflamação. Oxid Med Cell Longev, **2016:** 5276130.

•**Auti ST, Kulkarni YA (2019):** Efeito neuroprotetor do óleo de cardamomo contra a neurotoxicidade induzida pelo alumínio em ratos. Front Neurol, **10:** 399.

•**Autry AE, Monteggia LM (2012):** Fator neurotrófico derivado do cérebro e distúrbios neuropsiquiátricos. Pharmacol Rev, **64:** 238-258.

•**Aziza SA, El-Haggar M, Abo-Zaid OA, Hassanien MR, El-Shawarby R (2014):** Anormalidades na composição de ácidos graxos do nervo ciático de ratos na neuropatia diabética induzida por estreptozotocina. Asian J Biochem,**9:** 1-15.

•**Baharifar H, Amani A (2017):** Tamanho, eficiência de carga e citotoxicidade de nanopartículas de quitosana carregadas com albumina: Um estudo de redes neurais artificiais.J Pharm Sci,**106:** 411-417.

•**Balgoon MJ, Raouf GA, Qusti SY, Ali SS (2015):** Estudo ATR-IR do mecanismo da doença de Alzheimer induzida por cloreto de alumínio; efeito curativo e protetor do extrato de água Lipidium sativum no tecido cerebral de ratos do hipocampo. Int J Med, Health, Biomed, Bioeng Pharm Eng, **9:** 774-784.

•**Baluchnejadmojarad T, Roghani M, Kamran M, Karimi N (2012):** O efeito do ácido alfa-lipóico no défice de aprendizagem e memória num modelo de epilepsia do lobo temporal em ratos. Basic Clin Neurosci,**3:** 58-66.

•**Barman M, Nilsson S, Naluai AT, Sandin A, World AE, Sandberg A
(2015):** Polimorfismos de nucleotídeo único no cluster do gene FADS, mas não
no gene ELOVL2, estão associados à composição de ácidos graxos
poliinsaturados no soro e ao desenvolvimento de alergia (em uma coorte de
nascimentos sueca). Nutrients,**7:** 10100-10115.
•**Bathina S, Das UN (2015):** Fator neurotrófico derivado do cérebro e suas
implicações clínicas. Arch Med Sci, **11:** 1164-1178.
•**Bharathi VP, Govindaraju M, Palanisamy AP, Sambamurti K, Rao KSJ
(2008):** Toxicidade molecular do alumínio em relação à neurodegeneração.
Indian J Med Res, **128:** 545-556.
•**Bhardwaj R, Deshmukh R (2018):**   Factores neurotróficos e
Doença de Parkinson. Clin Invest,**7:** 53-62.
•**Blesa J, Trigo-Damas I, Quiroga-Varela A, Jackson-Lewis VR (2015):** O
stress oxidativo e a doença de Parkinson. Front Neuroanat,**9:** 91.
•**Borai IH, Ezz MK, Rizk MZ, Aly HF, El-Sherbiny M, Matloub AA, et al.
(2017):** Impacto terapêutico dos polifenóis das folhas de uva em certos
marcadores bioquímicos e neurológicos na doença de Alzheimer induzida por
$AlCl_3$. Biomed Pharmacother, **93:** 837-851.
•**Breitzig M, Bhimineni C, Lockey R, Kolliputi N (2016):** 4-Hydroxy-2-
nonenal: Um alvo crítico no stress oxidativo? Am J Physiol Cell Physiol,**311:**
C537-C543.
•**Castelli V, Benedetti E, Antonosante A, Catanesi M, Pitari G, Ippoliti R, et
al. (2019):** Rearranjo de células neuronais durante o envelhecimento e doenças
neurodegenerativas: metabolismo, estresse oxidativo e dinâmica de organelas.
Front Mol Neurosci, **12:** 132.
•**Cenini G, Lloret A, Cascella R (2019):** Estresse oxidativo em doenças
neurodegenerativas: Do ponto de vista mitocondrial. Oxid Med Cell Longev,
2019: 2105607.
•**Chau BN, Chen TT, Wan YY, DeGregori J, Wang JY (2004):** Tumor
necrosis fator alpha-induced apoptosis requires p73 and c-ABL activation
downstream of RB degradation. Mol Cell Biol, **24:** 4438-4447.
•**Chen P, Miah MR, Aschner M (2016):** Metais e neurodegeneração.
F1000Res, **5:** F1000 Faculty Rev-366.

• **Chen Z, Chu H, Chyau C, Chu C, Duh P (2012):** Efeitos protectores da casca de laranja doce (Citrussinensis) e dos seus compostos bioactivos no stress oxidativo. Food Chem, **135:** 2119-2127.

• **Chen Z, Zhong C (2014):** Stress oxidativo na doença de Alzheimer. Neurosci Bull, **30:** 271-281.

• **Chenthamara D, Subramaniam S, Ramakrishnan SG, Krishnaswamy S, Essa MM, Lin F, et al. (2019):** Eficácia terapêutica de nanopartículas e vias de administração. Biomater Res,**23:** 20.

• **Cherdyntseva NV, Ivanova AA, Ivanov VV, Cherdyntsev E, Nair CK, Kagiya TV (2013):** O glucosídeo de ácido ascórbico reduz a neurotoxicidade e a depleção de glutationa no cérebro do rato induzida pelo radiosensitazer nitrotriazol. J Cancer Res Ther,**9:** 364-369.

• **Chin-Chan M, Navarro-Yepes J, Quintanilla-Vega B (2015):** Poluentes ambientais como factores de risco para doenças neurodegenerativas: Doenças de Alzheimer e Parkinson. Front Cell Neurosci, **9:** 124.

• **Chiş IC, Baltaru D, Dumitrovici A, Coseriu A, Radu BC, Moldovan R, et al. (2016):** A quercetina melhora o estresse oxidativo/nitrosativo no cérebro de ratos expostos à hipóxia hipobárica intermitente. Rev Virtual Quim, **8:** 369-383.

• **Cho SY, Park SJ, Kwon MJ, Jeong TS, Bok SH, Choi WY, et al. (2003):** A quercetina suprime a produção de citocinas pró-inflamatórias através de MAP quinases e da via NF-κB em macrófagos estimulados por lipopolissacarídeos. Mol Cell Biochem, **243:** 153-160.

• **Choudhury A, Chakraborty I, Banerjee TS, Vana DR, Adapa D, Kumar A (2018):** Efeito e papel indicativo de doença da inflamação na patologia neurodegenerativa: Um cruzamento mecanicista de promessa e dilema. Neuropsiquiatria (Londres),**8:** 384-394.

• **Corrêa-Velloso JC, Gonçalves MC, Naaldijk Y, Oliveira-Giacomelli A, Pillat MM, Ulrich H (2018):** Fisiopatologia na comorbidade do transtorno bipolar e da doença de Alzheimer: Abordagens farmacológicas e de células estaminais. Prog Neuro-Psychopharmacol Biol Psychiatry, **80:** 34-53.

• **Davies S, Contria RV, Guterres SS, Pohlmann AR, Guerreiro IC (2020):** Nanoencapsulação simultânea de ácido lipóico e resveratrol com propriedades antioxidantes melhoradas para a pele. Colloids Surf BBiointerfaces, **192:**

111023.

• **Dhaundiyal A, Jena SK, Samal SK, Sonvane B, Chand M, Sangamwar AT (2016):** Nanopartículas lipídicas sólidas à base de conjugados de ácido alfa-lipóico-estearilamina para administração de tamoxifeno: Formulação, otimização, estudo in vivo de farmacocinética e hepatotoxicidade. J Pharm Pharmacol,**68:** 1535-1550.

• **Du Z, Wu X, Song M, Li P, Wang L (2016):** O dano oxidativo induz a secreção de MCP-1 e a agregação de macrófagos na degeneração macular relacionada à idade (AMD). Graefes Arch Clin Exp Ophthalmol,**254:** 2469-2476.

• **Ekambaram P, Sathali AAH, Priyanka K (2012):** Nanopartículas lipídicas sólidas: A review. Sci Revs Chem Commun,**2:** 80-102.

• **El-Baz FK, Aly HF, Khalil WK, Booles HF (2016):** Efeitos neuroameliorativos de extractos de bagas em ratos induzidos por Alzheimer. Int J Pharma Bio Sci, **7:** 548-558.

• **El-Feki MA, Amin HM, Abdalla AA, Fesal M (2016):** Efeitos imunomoduladores e anti-oxidantes do ácido alfa-lipóico e da vitamina E na lesão hepática induzida por lipopolissacarídeos em ratos. Middle East J Appl Sci, **6:** 460-467.

• **Ellman GL, Courtney KD, Andres JrV, Feather-Stone RM (1961):** A new and rapid colorimetric determination of acetylcholinesterase activity. Biochem Pharmacol, **7:** 88-95.

• **Erukainure OL, Ajiboye JA, Davis FF, Obabire K, Okoro EE, Adenekan SO, et al. (2016):** Efeito do óleo de soja, óleo de casca de laranja (Citrus sinensis) e suas misturas no fosfolípido total, peroxidação lipídica e sistema de defesa antioxidante em tecidos cerebrais de ratos normo. Grasas y Aceites, 67: e113.

• **Fajemisin EA, Bamidele OS, Ogunsola SO, Aiyenuro EA (2019):** A distribuição de órgãos, caraterização e modificação da atividade da acetilcolinesterase no gafanhoto africano adulto: Zonocerussp Linn. Asian J Res Biochem,**5:** 1-9.

• **Falode JA, Akinmoladun AC, Olaleye MT, Akindahunsi AA (2017):** O extrato de flavonoide da árvore de salsicha (Kigeliaafricana) é neuroprotector na doença de Alzheimer experimental induzida por AlCl₃ . Pathophysiol, **24:** 251-259.

•**Faraguna U, Ferrucci M, Giorgi FS, Fornai F (2019):** A anatomia funcional da formação reticular.Front Neuroanat, **13:** 55.

•**Farhat SM, Mahboob A, Iqbal G, Ahmed T (2017):** Défices colinérgicos induzidos por alumínio em diferentes partes do cérebro e sua implicação na sociabilidade e função cognitiva no rato. Biol Trace Elem Res, 177: 115-121.

•**Ferreira PMP, Milito GC, Freitas RM (2009):** Efeitos do ácido lipóico no nível de peroxidação lipídica, na atividade da superóxido dismutase e na concentração de monoaminas no hipocampo de ratos. Neurosci Lett, **464:** 131-134.

•**Furtado D, Björnmalm M, Ayton S, Bush AI, Kempe K, Caruso F (2018):** Superando a barreira hematoencefálica: o papel dos nanomateriais no tratamento de doenças neurológicas. Adv Mater,**30:** e1801362.

•**Gandhi S, Abramov AY (2012):** Mecanismo de stress oxidativo na neurodegeneração. Oxid Med Cell Longev, 2012: 428010.

•**Gao P, Nie X, Zou M, Shi Y, Cheng G (2011):** Avanços recentes em materiais para o sistema de entrega de antibióticos de libertação prolongada. J Antibiot (Tóquio), **64:** 625-634.

•**García-Pinel B, Porras-Alcalá C, Ortega-Rodríguez A, Sarabia F, Prados J, Melguizo C, et al. (2019):** Nanopartículas à base de lípidos: Aplicação e avanços recentes no tratamento do cancro. Nanomaterials (Basileia),**9:** 638.

•**Garud A, Singh D, Garud N (2012):** Nanopartículas lipídicas sólidas (SLN): Método, caraterização e aplicações. Int Curr PharmJ,**1:** 384-393.

•**Giacobbo BL, Doorduin J, Klein HC, Dierckx RA, Bromberg E, de Vries EF (2019):** Fator neurotrófico derivado do cérebro em distúrbios cerebrais: Foco na neuroinflamação. Mol Neurobiol, **56:** 3295-3312.

•**Gogoi P, Dutta A, Ramteke A, Maji TK (2020):** Preparação, caraterização e aplicações citotóxicas de nanopartículas de quitosana fosforilada com ácido curcumina- (±) α-lipóico em linha celular de câncer de mama MDA MB 231. Polym Adv Technol, **31:** 2827-2841.

•**Gong G, Qin Y, Huang W, Zhou S, Yang X, Li D (2010):** A rutina inibe a apoptose induzida por peróxido de hidrogénio através da regulação da via de disfunção mitocondrial mediada por espécies reactivas de oxigénio em células endoteliais da veia umbilical humana. Eur J Pharmacol,**628:** 27-35.

•**Goraca A, Huk-Kolega H, Piechota A, Kleniewska P, Ciejka E, Skibska B (2011):** Ácido lipóico - atividade biológica e potencial terapêutico. Pharmacol Rep, **63:** 849-858.

•**Gorun V, Proinov I, Baltescu V, Balaban G, Barzu O (1978):** Modified Ellman procedure for assay of cholinesterases in crude enzymatic preparation. Anal Biochem, **86:** 324-326

•**Güven E (2020):** Nanopartículas à base de lípidos no tratamento da disfunção erétil. Int J Impot Res, **32:** 578-586.

•**Guvenc M, Yilmaz O, Tuzcu M, Ozsahin AD (2009):** Contribuição da vitamina C e do ácido lipóico e da sua combinação para o nível dos produtos das enzimas dessaturase nos tecidos pulmonares e musculares de ratos diabéticos experimentais mal controlados. Res J Biol Sci,**4:** 710-715.

•**Hajialyani M, Farzaei MH, Echeverría J, Nabavi SM, Uriarte E, Sobarzo-Sánchez E (2019):** Hesperidina como um agente neuroprotetor: Uma revisão de evidências animais e clínicas. Moléculas, **24:** 648.

•**Hane FT, Lee BY, LeonenkoZ (2017):** Progressos recentes na doença de Alzheimer
investigação de doenças, Parte 1: Patologia. J Alzheimers Dis, 57: 1-28.

•**Huang Q, Yu H, Ru Q (2010):** Bioavailability and delivery of nutraceuticals using nanotechnology. J Food Sci, **75:** 50-57.

•**Hussein JS, El-bana MA, El-Naggar ME, Abdel-Latif Y, El-Sayed SM, Medhat D (2021):** Efeito profilático de probióticos fortificados com nanoemulsão de polpa de Aloe vera contra úlcera gástrica induzida por etanol. Toxicol Mech Methods,**31:** 699-710.

•**Ibrahim MM, Gabr MT (2019):** Estratégias terapêuticas multialvo para Doença de Alzheimer. Neural Regen Res,**14:** 437-440.

•**Idrees H, Zaidi SZ, Sabir A, Khan RU, Zhang X, Hassan SU (2020):** Uma revisão de nanopartículas biodegradáveis à base de polímeros naturais para aplicações de entrega de medicamentos. Nanomaterials (Basileia),**10:** 1970.

•**Ihara H, Yamamoto H, Ida T, Tsutsuki H, Sakamoto T, Fujita T, et al. (2012):** Inibição da produção de óxido nítrico e expressão de óxido nítrico sintase induzível por uma polirredoxiflavona de frutos jovens de Citrus Unshiu em astrócitos primários de ratos. Biosci Biotechnol Biochem,**76:** 1843- 1848.

•**Jain V, Baitharu I, Prasad D, Ilavazhagan G (2013):** O ambiente enriquecido previne o comprometimento da memória induzido por hipóxia hipobárica e a neurodegeneração: Papel da via BDNF/PI3K/GSK3b associada à ativação do CREB. PLoS One, **8:** e62235.

•**Jamor P, Ahmadvand H, Birjandi M, Ebadi BS (2018):** Atividade da paraoxonase sérica 1, perfil lipídico e índices aterogênicos em ratos induzidos por diabéticos tratados com ácido alfa-lipóico. J Nephropathol, **7:** 241-247.

•**Janik R, Thomason LA, Stanisz AM, Forsythe P, Bienenstock J, Stanisz GJ (2016):** A espetroscopia de ressonância magnética revela a promoção oral de Lactobacillus de aumentos no GABA cerebral, N-acetil aspartato e glutamato. Neuroimage,**125:** 988-995.

•**Julien O, Wells JA (2017):** Caspases e seus substratos. Cell Death Differ,**24:** 1380-1389.

•**Kamarudin MN, Raflee NA, Hussein SS, Lo JY, Supriady H, Kadir HA (2014):** O ácido (R) - (+) -α-lipóico protegeu as células NG108-15 contra H O_{22} - morte celular induzida por PI3K-Akt / GSK-3β via e supressão de NF-κβ-citocinas. Drug Des Devel Ther, **8:** 1765-1780.

•**Kandimalla R, Reddy PH (2017):** Terapêutica dos neurotransmissores em Doença de Alzheimer. J Alzheimers Dis, **57:** 1049-1069.

•**Karri V, Schuhmacher M, Kumar V (2016):** Metais pesados (Pb, Cd, As e MeHg) como factores de risco para a disfunção cognitiva: Uma revisão geral do mecanismo de mistura de metais no cérebro. Environ Toxicol Pharmacol, **48:** 203- 213

•**Khafaga AF (2017):** A suplementação exógena de fosfatidilcolina recupera a toxicidade induzida pelo alumínio em ratos albinos machos. Environ Sci Pollut Res, **24:** 15589-15598.

•**Khan A, Ali T, Rehman SU, Khan MS, Alam SI, Ikram M, et al. (2018):** Efeito neuroprotetor da quercetina contra os efeitos prejudiciais do LPS no cérebro do rato adulto. Front Pharmacol, **9:** 1383.

•**Kim GH, Kim JE, Rhie SJ, Yoon S (2015):** O papel do stress oxidativo nas doenças neurodegenerativas. Exp Neurobiol, **24:** 325-340.

• **Kryl'skiy ED, Popova TN, Kirilova EM, Safonova OA (2016):** Efeito do ácido lipóico na atividade das caspases e nas caraterísticas dos estados imunológico e antioxidante em ratos com artrite reumatoide. Russ J Bioorg Chem, **42:** 389-396.

• **Kumar A, Mallik SB, Rijal S, Changdar N, Mudgal J, Shenoy RR (2019):** Os óleos dietéticos melhoram o défice de memória induzido pelo cloreto de alumínio em ratos Wistar. Pharmacogn Mag, **15:** 36-42.

• **Kumar A, Prakash A, Dogra S (2011):** Neuroprotective effect of carvedilol against aluminium induced toxicity: possible behavioral and biochemical alterations in rats. Pharmacol Rep, **63:** 915-923.

• **Kumar V, Bal A, Gill KD (2009):** Aluminium-induced oxidative DNA damage recognition and cell-cycle disruption in different regions of rat brain. Toxicology,**264:** 137-144.

• **Kumar V, Gill KD (2009):** Aluminium neurotoxicity: Neurobehavioural and oxidative aspects. Arch Toxicol, **83:** 965-978.

• **Kurutas EB (2016):** A importância dos antioxidantes que desempenham o papel na resposta celular contra o stress oxidativo/nitrosativo: estado atual. Nutr J, **15:** 71.

• **Lakshmi BVS, Sudhakar M, Prakash KS (2015):** Efeito protetor do selénio contra a doença de Alzheimer induzida pelo cloreto de alumínio: Alterações comportamentais e bioquímicas em ratos. Biol Trace Elem Res,**165:** 67-74.

• **Lee WJ, Liao YC, Wang YF, Lin IF, Wang SJ, Fuh JL (2018):** MCP-1 plasmático e declínio cognitivo em pacientes com doença de Alzheimer e comprometimento cognitivo leve: Um estudo de acompanhamento de dois anos. Sci Rep, **8:** 1280.

• **Li G, Fu J, Zhao Y, Ji K, Luan T, Zang B (2015):** O ácido alfa-lipóico exerce efeitos anti-inflamatórios em células mesangiais de rato estimuladas por lipopolissacarídeos através da inibição da via de sinalização do fator nuclear kappa B (NF-κB). Inflammation,**38:** 510-519.

• **Li YX, Lim ST (2016):** Preparação de dispersões aquosas de ácido alfa-lipóico com amido de alta amilose octenilsuccinilado. Carbohydr Polym, **140:** 253-259.

• **Lin AL, Rothman DL (2014):** O que novas técnicas de imagem revelaram sobre o metabolismo no cérebro envelhecido? Future Neurol, **9:** 341-354.

• **Lind M, Hayes A, Caprnd M, Petrovic D, Rodrigo L, Kruzliake P, et al. (2017):** Óxido nítrico sintase induzível: Bom ou mau? Biomed Pharmacother,**93:** 370-375.

• **Lu T, Wang H, Wang FJ, Xi YF, Chen LH (2018):** Expressão do fator de crescimento nervoso e do fator neurotrófico derivado do cérebro em astrocitomas. Oncol Lett, **15:** 533-537.

• **Magalingam KB, Radhakrishnan AK, Haleagrahara N (2015):** Mecanismos de proteção dos flavonóides na doença de Parkinson. Oxid Med Cell Longev, **2015:** 314560.

• **Mahmoud MH, Wahba HM, Mahmoud MH, Abu-Salem FM (2018):** Antagonizando o impacto perigoso do aumento do estresse oxidativo em ratos Wistar por biscoitos com casca de laranja seca. J Biol Sci, **18:** 21-31.

• **Manna FA, Abdall MS, Abdel-Wahha KG, EL-Kassaby MI (2013):** Efeito de alguns agentes nutracêuticos na neurotoxicidade funcional induzida pelo alumínio em ratos senis: I. Efeito do extrato aquoso de alecrim e do ácido docosahexaenóico. J Appl Sci Res, **9:** 2322-2334.

• **Manolescu BN, Berteanu M, Cintezã D (2013):** Efeito do suplemento nutricional ALAnerv® na atividade sérica de PON1 em pacientes com AVC pós-agudo. Pharmacol Rep, **65:** 743-750.

• **Martinelli N, Consoli L, Girelli D, Grison E, Corrocher R, Olivieri O (2013):** Paraoxonases: Caçadores de substratos antigos e o seu papel evolutivo na doença cardíaca isquémica. Adv Clin Chem,**59:** 65-100.

• **Mason LH, Harp JP, Han DY (2014):** Neurotoxicidade do Pb: Efeitos neuropsicológicos da toxicidade do chumbo. Biomed Res Int, **2014:** 840547.

• **Maya S, Prakash T, Madhu KD, Goli D (2016):** Efeitos multifacetados do alumínio em doenças neurodegenerativas: A review. Biomed Pharmacother,**83:** 746-754.

• **McCoy MK, Tansey MG (2008):** Inibição da sinalização do TNF no SNC: Implicações para a função cerebral normal e doenças neurodegenerativas. J Neuroinflammation,**5:** 45.

• **Mei X, Yang Y (2017):** Efeitos neuroprotetores do ácido α-lipóico contra lesão cerebral hipóxico-isquémica em ratos neonatais. Trop J Pharm Res, **16:** 1051-1058.

• Metwaly, H. H., Fathy, S. A., Abdel Moneim, M. M., Emam, M. A., Soliman, A. F., El-Naggar, M. E., ... & El-Bana, M. A. (2022). Nanopartículas de quitosana e de lípidos sólidos aumentam a eficácia do ácido alfa-lipóico contra a neurotoxicidade experimental. Toxicology Mechanisms and Methods, 32(4), 268-279.

• **Mohamed HK, Meligy FY (2018):** Os possíveis efeitos protetores do ácido alfalipóico na toxicidade renal induzida por dietanolamina em ratos albinos machos adultos: Um estudo histológico e imunohistoquímico. Egito J Histol, **41:** 431-444.

• **Mohanta BC, Palei NN, Surendran V, Dinda SC, Rajangam J, Deb J, et al. (2019):** Nanopartículas à base de lípidos: Estratégias atuais para direcionar o tumor cerebral. Curr Nanomaterials, **4:** 84-100.

• **Moro L (2019):** Disfunção mitocondrial no envelhecimento e no cancro. J Clin Med,**8:** 1983.

• **Murray PS, Holmes PV (2011):** Uma visão geral do fator neurotrófico derivado do cérebro e implicações para a vulnerabilidade excitotóxica no hipocampo. Int J Pept,**2011:** 654085.

• **Myzak MC, Carr AC (2002):** Ativação da caspase-3 dependente da mieloperoxidase e apoptose em células HL-60: Proteção pelos antioxidantes ascorbato e ácido (dihidro) lipóico. Redox Rep,**7:** 47-53.

• **Nageshwar M, Sudhakar K, Reddy KP (2018):** A quercetina melhora o stress oxidativo, os danos neurais do cérebro e o comprometimento comportamental do rato com exposição ao flúor. Int J Pharm Sci Res, **9:** 3247-3256.

• **Neuhaus JF, Baris OR, Hess S, Moser N, Schröder H, Chinta SJ, et al. (2013):** O metabolismo das catecolaminas impulsiona a geração de deleções de DNA mitocondrial em neurónios dopaminérgicos. Brain,**137:** 354-365.

• **Omar NM, Sarhan NR (2017):** O possível papel protetor do óleo de semente de abóbora em um modelo animal de pneumonia por aspiração ácida: Estudo microscópico de luz e eletrónico. Ata Histochem,**119:** 161-171.

• **Patrick L (2003):** Mercury toxicity and antioxidants: part I: Role of glutathione and alpha-lipoic acid in the treatment of mercury toxicity. Altern Med Rev, **7:** 456-471.

•**Patsoukis N, Papapostolou I, Zervoudakis G, Georgiou CD, Matsokis NA, Panagopoulos NT (2005):** Thiol redox state and oxidative stress in midbrain and striatum of weaver mutant mice, a genetic model of nigrostriatal dopamine deficiency. Neurosci Lett, **376:** 24-28.

•**Paulose CS, Amee K, Anu J (2007):** Equilíbrio funcional dos neurotransmissores na gestão de doenças neurodegenerativas. Recent Adv Sci Soc, **5:** 23-30.

•**Prema A, Thenmozhi AJ, Manivasagam T, Essa MM, Akbar MD, Akbar M (2016):** O pó de semente de feno-grego anulou a perda de memória induzida por cloreto de alumínio, alterações bioquímicas, carga de Aβ e apoptose através da regulação da via de sinalização Akt / GSK3β. PLoS One,**11:** e0165955.

•**Rageh MM, El-Gebaly RH (2019):** As atividades antioxidantes do ácido a-lipóico livre e nano-cápsula inibem o crescimento do carcinoma de Ehrlich. Mol Biol Rep,**46:** 3141-3148

•**Rajkovic MG, Rumora L, Barisic K (2011):** A paraoxonase 1, 2 e 3 em humanos. Biochem Med, **21:** 122-130.

•**Ravi SK, Ramesh BN, Mundugaru R, Vincent B (2018):** Múltiplas atividades farmacológicas de Caesalpinia crista contra a neurodegeneração induzida por alumínio em ratos: Relevância para a doença de Alzheimer. Environ Toxicol Pharmacol, **58:** 202-211.

•**Razavi S, Nazem G, Mardani M, Esfandiari E, Salehi H, Esfahani S (2015):** Fatores neurotróficos e seus efeitos no tratamento da esclerose múltipla. Adv Biomed Res, **4:** 53.

•**Reddy KB, Vaijayanthi V, Raj SB, Mohanambal E, Charulatha R, Rao YM (2011):** Nanopartículas para a segmentação do cérebro. Indian J Nov Drug Deliv, **3:** 91-97.

•**Rocamonde B, Paradells S, Barcia JM, Barcia C, Verdugo JG, Miranda M, et al. (2012):** A neuroprotecção do tratamento com ácido lipóico promove a angiogénese e reduz a formação de cicatriz glial após lesão cerebral. Neuroscience, **224:** 102-115.

•**Roostaei T, Nazeri A, Sahraian MA, Minagar A (2014):** O cerebelo humano: uma revisão da neuroanatomia fisiológica. Neurol Clin, **32:** 859-869.

•**Ruktanonchai U, Bejrapha P, Sakulkhu U, Opanasopit P,**

Bunyapraphatsara N, Junyaprasert V, et al. (2009): Caraterísticas físico-químicas, citotoxicidade e atividade antioxidante de três formulações lipídicas nanoparticuladas de ácido alfa-lipóico. AAPS PharmSciTech,**10:** 227-234.

• **Said MM, AbdRabo MM (2017):** Efeitos neuroprotetores do eugenol contra a toxicidade induzida pelo alumínio no cérebro de ratos. Arh Hig Rada Toksikol,**68:** 27-36.

• **Sajjad N, Ali R, Hassan S, Ganai BA, Hamid R (2019):** Estresse oxidativo em doenças neurodegenerativas. Int J Manag Technol Eng,**8:** 508- 514.

• **Salehi B, Yılmaz YB, Antika G, Tumer TB, Mahomoodally MF, Lobine D, et al. (2019):** Insights sobre o uso de ácido α-lipóico para fins terapêuticos. Biomolecules, **9:** 356.

• **Saliq AM, Krishnaswami V, Janakiraman K, Kandasamy R (2020):** aplicação de nanocápsulas de ácido α-lipóico em leite de vaca fortificado como um produto de suplemento dietético para anemia. Appl Nanosci, **10:** 2007-2023.

• **Sánchez-Muniz FJ, Macho-González A, Garcimartín A, Santos-López JA, Benedí J, Bastida S, et al. (2019):** Os componentes nutricionais da cerveja e sua relação com a neurodegeneração e a doença de Alzheimer. Nutrientes, **11:** 1558.

• **Sanders T, Liu Y, Buchner V, Tchounwou PB (2009):** Efeitos neurotóxicos e biomarcadores da exposição ao chumbo: A review. Rev Environ Health,**24:** 15-46.

• **Satapathy MK, Yen TL, Jan JS, Tang RD, Wang JY, Taliyan R, et al. (2021):** Nanopartículas lipídicas sólidas (SLNs): um sistema avançado de entrega de drogas visando o cérebro através do BBB. Farmacêutica, **13:** 1183.

• **Seow DC, Gao Q, Yap P, Gan JM, Chionh HL, Lim SC, et al. (2016):** Perfil do polimorfismo 192Q/R do gene da paraoxonase 1 (PON1) e associações clínicas entre chineses mais velhos de Singapura com Alzheimer e demência mista.Dement Geriatr Cogn Dis Extra, **6:** 43-54.

• **Shabab T, Khanabdali R, Moghadamtousi SZ, Kadir HA, Mohan G (2017):** Neuroinflammation pathways: Uma revisão geral. Int J Neurosci, **127:** 624-633.

• **Sharma DR, Wani WY, Sunkaria A, Kandimalla RJ, Sharma RK,**
• **Siddiqi NJ, Abdelhalim MA, El-Ansary AK, Alhomida AS, Ong WY**

(2012): Identificação de potenciais biomarcadores de toxicidade de nanopartículas de ouro em cérebros de ratos. J Neuroinflammation, 9: 123.

• **Simpson T, Pase M, Stough C (2015):** Bacopa monnieri como uma terapia antioxidante para reduzir o estresse oxidativo no envelhecimento do cérebro. Complemento baseado em evidências Alternat Med, **2015:** 615384.

• **Snigdha S, Smith ED, Prieto GA, Cotman CW (2012):** Ativação da caspase-3 como um ponto de bifurcação entre plasticidade e morte celular. Neurosci Bull, **28:** 14-24.

• **Snowden SG, Ebshiana AA, Hye A, Pletnikova O, O'Brien R, Yang A, et al. (2019):** Desequilíbrio de neurotransmissores no cérebro e patologia de Alzheimer. J Alzheimers Dis,**72:** 35-43.

• **Song G, Liu Z, Liu Q e Liu X (2017):** O ácido lipóico previne a neurotoxicidade induzida pela acrilamida em ratos CD-1 e células microgliais BV2 através da manutenção da homeostase redox. J Funct Foods, **35:** 363-375.

• **Taïr K, Kharoubi O, Taïr OA, Hellal N, Benyettou I, Aoues A (2016):** Neurotoxicidade aguda induzida pelo alumínio em ratos: Tratamento com extrato aquoso de Arthrophytum (Hammada scoparia). J Acute Dis,**5:** 470-482.

• **Tan SH, Karri V, Tay NW, Chang KH, Ah HY, Ng PQ, et al. (2019):** Caminhos emergentes para a neurodegeneração: Dissecando os mecanismos moleculares críticos na doença de Alzheimer, doença de Parkinson. Biomed Pharmacother,**111:** 765-777.

• **Todorova V, Blokland A (2017):** Mitocôndrias e plasticidade sináptica no sistema nervoso maduro e envelhecido. Curr Neuropharmacol, **15:** 166- 173.

• **Turner MD, Nedjai B, Hurst T, Pennington DJ (2014):** Citocinas e quimiocinas: At the crossroads of cell signalling and inflammatory disease. Biochim Biophys Ata, **1843:** 2563-2582.

• **Tzeng TT, Tsay HJ, Chang L, Hsu CL, Lai TH, Huang FL, et al. (2013):** Caspase 3 envolve em neuroplasticidade, ativação microglial e neurogénese no hipocampo de ratinhos após injeção intracerebral de ácido caínico. J Biomed Sci, **20:** 90.

• **Velasco-Rodríguez V, Cornejo-Mazón M, Flores-Flores JO, Gutiérrez-López GF, Hernández-Sánchez H (2012):** Preparação e propriedades de nanopartículas de quitosana carregadas com ácido alfa-lipóico. Rev Mex Ing

Quim,**11:** 155-161.

•**Verma P (2018):** Efeito do ácido alfa-lipóico e sua nano-formulação na neuropatia diabética induzida por estreptozotocina em ratos. Pharma Innov,**7:** 482- 485.

•**Veskovic M, Mladenovic D, Jorgacevic B, Stevanovic I, de Luka S, Radosavljevic T (2015):** O ácido alfa-lipóico afeta o estresse oxidativo em várias estruturas cerebrais em camundongos com deficiência de metionina e colina. Exp Biol Med, **240:** 418-425.

•**Vidović BB, Milašinović NZ, Kotur-Stevuljević JM, Dilber SP, Kalagasidis-Krušić MT, Đorđević BI, et al. (2016):** Encapsulamento de ácido α-lipóico em micropartículas de hidrogel de quitosana e alginato / gelatina e sua atividade antioxidante in vitro. Hem Ind, **70:** 49-58.

•**Wang H, Rempel GL (2015):** Introdução de nanopartículas de polímero para aplicações de entrega de medicamentos. J Nanotechnol Nanomed Nanobiotechnol,**2:** 8.

•**Wang K, Zhu X, Yu E, Desai P, Wang H, Zhang Cl, et al. (2020):** Nanomateriais terapêuticos para doenças neurológicas e terapia do cancro. J Nanomater,**2020:** 2047379.

•**Wang X, Li S, Wei C, Huang J, Pan M, Shahidi F, et al. (2018):** Efeitos anti-inflamatórios de polimetoxiflavonas de cascas de citrinos: Uma revisão. J Food Bioactives, **3:** 76-86.

•**Weng M, Xie X, Liu C, Lim K, Zhang C, Li L (2018):** As fontes de espécies reativas de oxigênio e seu possível papel na patogênese da doença de Parkinson. Parkinsons Dis, **2018:** 9163040.

•**Wilson B (2009):** Brain targeting PBCA nanoparticles and the blood- brain barrier. Nanomedicina, **4:** 499-502.

•**Wilson B, Samanta MK, Muthu MS, Vinothapooshan G (2011):** Projeto e avaliação de nanopartículas de quitosana como novo transportador de drogas para a entrega de rivastigmina para tratar a doença de Alzheimer. Ther Deliv,**2:** 599-609.

•**Wong KH, Lu A, Chen X e Yang Z (2020):** Nanopartículas poliméricas à base de ingredientes naturais para o tratamento do cancro. Molecules,**25:** 3620.

•**Xiao N, Le Q (2016):** Fatores neurotróficos e suas potenciais aplicações na regeneração de tecidos. Arch Immunol Ther Exp,**64:** 89-99.

•**Zaky A, Mohammad B, Moftah M, Kandeel KM, Bassiouny AR (2013):** A endonuclease apurínica / apirimidínica 1 é um modulador chave da neuroinflamação induzida por alumínio. BMC Neurosci, 14: 26.

•**ZhaoY, Dang M , Zhang W, Lei Y, RameshT, VeeraraghavanV, Hou X (2020):**Efeitos neuroprotectores do ácido siríngico contra o stress oxidativo induzido pelo cloreto de alumínio mediado pela neuroinflamação no modelo de rato da doença de Alzheimer.J Functional Foods, 7: 1-8.

•**Zhao XY, Lu MH, Yuan DJ, Xu DE, Yao PP, Ji WL, et al. (2019):** Disfunção mitocondrial na lesão neural. Front Neurosci, **13:** 30.

Printed by Books on Demand GmbH, Norderstedt / Germany